创造力

跳出思维惯性去思考！

个人潜能管理大师　[美] 吉姆·兰德尔（Jim Randel）著　程虎 译

THE SKINNY ON CREATIVITY:
Thinking Outside the Box

致中国读者

感谢您阅读"简单有趣的个人管理"书系,我的核心目标是用轻松有趣的方式来帮助您提升个人管理技能。

或许,您会对这套书的出版经历感兴趣。大概 10 年前,这套书在美国出版,随即被引进中国,与中国读者见面了。令人难以置信的是,2018 年,这套书中的两本登上了美国本版图书中文引进版畅销排行榜,并持续在这个榜单上保持着前 10 名的好成绩。

截至今日,"简单有趣的个人管理"书系已在中国销售了近百万册,我们也因此得以在印度尼西亚、马来西亚、泰国、韩国和越南等国陆续出版这套书。

我创作这套书是为了更好地尊重每位读者的时间与精力。我们每天都能获取海量的信息,因此应该有人对其进行筛选与整理,供更多的人学习与使用。

虽然这套书采用的是极简的绘画设计风格,但内容却经过了长时间的打磨。在写作每本书时,我都做了大量的功课,希望能以轻松有趣的方式为您提供您所需的知识。

最后,献上我最诚挚的祝福。

吉姆·兰德尔
2021 年 5 月

关于本丛书

欢迎您阅读本丛书。本丛书用一系列图画、对话和文本来传递信息,既简洁明了,又赏心悦目。

在我们这个惜时如金而又信息如潮的时代,大多数人挤不出时间去进行阅读。因此,我们对重要问题的理解往往浮光掠影——不像长年累月专注于此类研究的思想家和教师那样见解独到、入木三分。

这套丛书旨在解决这一问题。为了把这套丛书呈现给你,我们的作者和编辑团队做了大量的工作。我们阅读了手头可找到的与主题有关的一切材料,同时与专家做了深入交谈。然后,结合自己的经验,提炼出这一系列丛书,期望你读后能有所受益。

你可以把我们的书当作一种浓缩式的学习。你只需要花费一个或两个小时的时间来阅读本书。我们敢保证:你的收获将超过你花费几百个小时,来阅读几百本有关同一主题的作品。

我们的目标就是让你阅读。故此力求聚集要点、提取精华,集教育意义和阅读乐趣于一书。

本书设计简约,但我们对待其中的信息却极其严肃认真。请不要把形式和内容混为一谈。你阅读本书投入的时间,必将会换来无数倍的报偿。

导言

创造力……这个话题太宏大了！这个话题是如此重要，因为无论你做什么工作，无论你正处在哪个人生阶段，创造性思维能力对你的生存和成功来说都是至关重要的。

简而言之，你的创造性思维能力发展得越强，你就越能掌控你所处的环境——无论它如何变化。

具备创造性思维的人就在你身边。有人忙于应负责任和义务，有人想方设法用最少的资源完成大量工作，有人正在利用自己的才智发挥最大作用。要想克服各种障碍，达成你的目标，创造性思维是你必备的技能。

具备创造性思维的人在未来几年将占据明显优势。曾经，分析性思维是最重要的，而时至今日，机器已经可以比大多数人更好地进行分析工作。然而，机器没有想象力，不能进行创造性的思考。因此，为了让自己脱颖而出，事业有成，你需要发展自己的创造性思维能力。

因此，请给我们一个小时的时间。这大约是你读完本书所需要的时间。等你读完这本书，你将能够更好地理解创造力的规则，并能跳出框架，提高思维能力。

"左思，右想。想想低处，想想高处。

"啊，你可以想到的，只要你努力尝试！"

——苏斯博士（Dr.Seuss），
《你能有多少奇思妙想》
（*Oh, the Thinks you can Think!*），
1975 年版

"创造力：超越传统观念、规则、模式、关系的能力……支持有意义的新思想、新形式、新方法、新解释。"

——www.dictionary.com

嘿，我是吉姆·兰德尔。

在接下来的一个小时左右的时间里，我将向你传授我所掌握的所有关于创造力的知识。

让我告诉你我最重要的发现，就在眼前。

创造性思维是一种你可以培养的技能。换句话说，你可以自己教自己，变得更有创造力。

作为我们评论的一部分，我们将分析一些世界上知名的创作者——像列奥纳多·达·芬奇（Leonardo da Vinci）这样的人。

但是，我们也要谈一谈普通人。

利用创造性思维来平衡生活中的各种需求和压力的人，比如为人父母的人。

创造性思维不仅仅是发明家和艺术家的专属技能。

"有一位女子,没受过教育,是个清贫的全职家庭主妇……还是个了不起的厨师、母亲、妻子……她在这些方面匠心独具而又心灵手巧,出人意料而又创意十足……我从她和其他与她类似的人那里认识到,一锅一流的菜汤比一幅二流的油画更有创造力。"

——亚伯拉罕·马斯洛(Abraham Maslow),《存在心理学探索》(*Toward a Psychology of Being*),Wiley 出版社,1968 年版

在我们开始之前,我想回答一个可能会在你脑海中出现的问题。

"火柴人是干什么用的? 为什么要以像小学二年级学生可能做的东西的方式来处理这么重要的话题?"

有几个原因。

第一，我主张简单，所以我画火柴人。少即多。研究表明，当信息以简洁、有插图的形式传递时，人们会记住更多的信息。

第二，不管你喜不喜欢，你的大脑正在改变。互联网使我们所有人都以新的方式处理和保留信息。当人们利用互联网学习时，体验是断断续续的——非常快速，以下划线标记重点、零散的信息片段。这正是本书的写作形式。

第三，凌乱是创造力的大敌。

你的大脑不断地被杂物与噪声轰炸着。所有这些喧嚣阻碍了创造性思维的发展。我不想给这个问题添乱——我想帮你去发展创造性思维能力。

本书中的每一个字和图片都是精心斟酌、精挑细选的。我相信，如果能够得到你一个小时全神贯注的投入，我就能开发你的巨大的创造潜力。

好的，稍后我将开始为你概述关于创造性思维的 20 个关键点。

但在这之前，我希望你能尝试一个小小的脑筋急转弯。

如你所见，我们画了一个包含 9 个点的正方形。**我们的挑战是在只画 4 条直线且笔尖不离开纸面的情况下连接所有的点。**

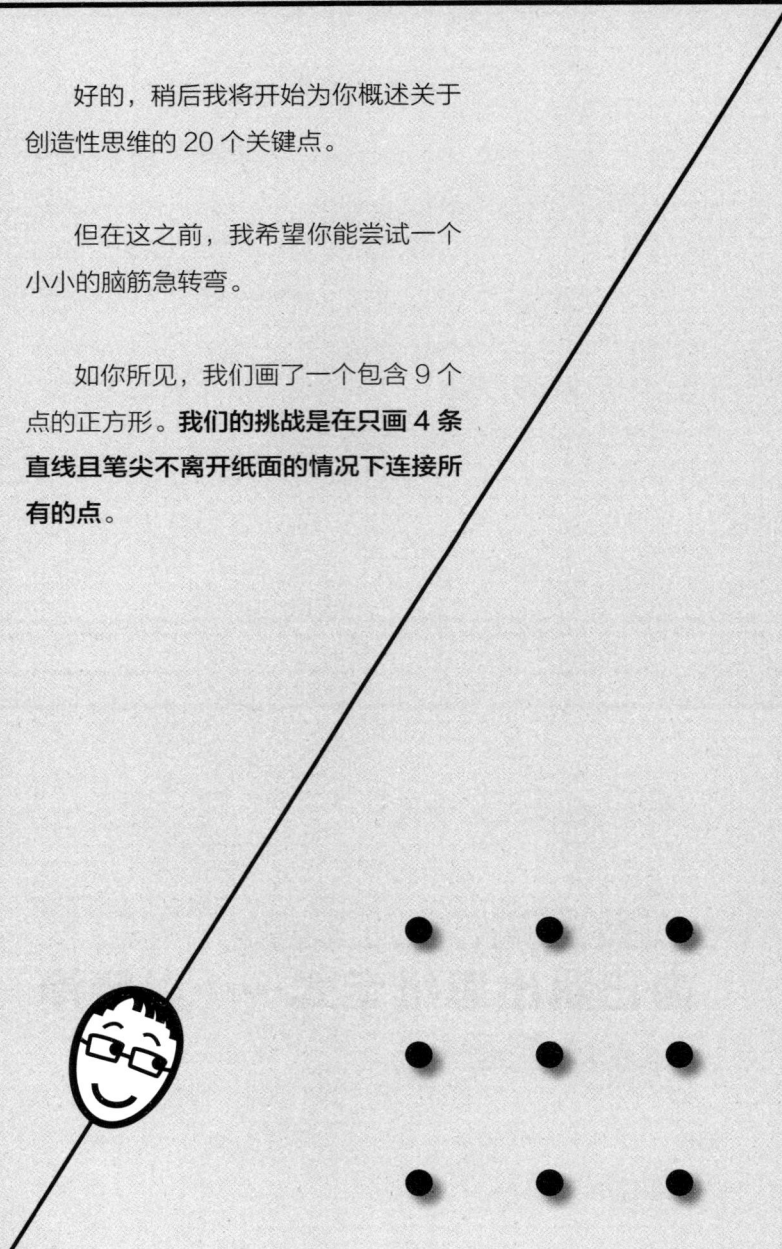

想放弃了吗?

不用担心。要知道,这个难题是不可能完成的,除非你**跳出思维定式**——关于创造性思维我的第一个观点。

1. 要提高你的创造力,先迫使自己跳出思维定式……以便挣脱武断的桎梏。

解决方案

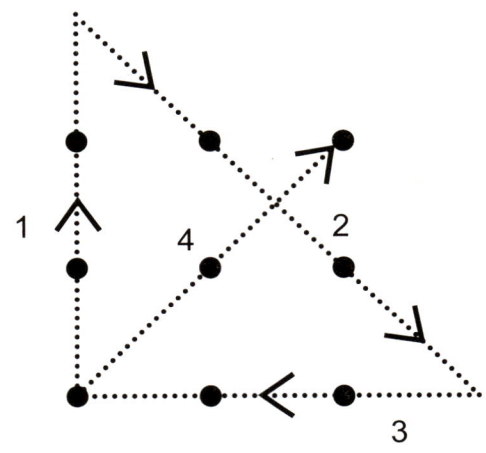

正如你所看到的,解决我们的谜题的唯一方法,是在正方形的周长之外画线。

如果把一个挑战看成不受限制寻找方案的过程,你有时会从不同的角度看问题,并激发创造性思维。

历史上有很多关于伟大思想的故事,这些思想都是人们跳出思维定式的结果。

我最喜欢的是有关所罗门(Solomon)的故事。

所罗门是《圣经》中提到的一位国王。有一天，两个女人来找他，手里紧紧抓住一个小男孩。两个女人都声称对方是偷孩子的贼，自己才是孩子的母亲。

她们要求所罗门倾听她们的故事，并把孩子判给真正的母亲。

但所罗门对常规的做法不感兴趣。他没有耐心去听这两个女人的故事。他决定尝试有点创意的东西……跳出思维定式。

"对不起,女士们,我没有时间忙这个。把孩子给我,我来把他切成两半,这看起来像是个公平的方案。"

通过换位思考，所罗门找到了一个非常快速（而且准确）的解决方案。所罗门做到了"直奔主题"。

当遇到挑战时，你应该退一步思考。想想非传统的方法，跳出思维定式。你可以随时把自己拉回来。

这就引出了我关于创造力的第二个观点。

2. 在你想办法的时候，要想出很多办法。

大多数教育机构教导我们,要寻找唯一正确的答案。然而,凡事无绝对。

当我们面对一个问题或机会时,要克制自己想出正确答案或方法的冲动。要想出**许多点子**。

你可以稍后再去评判它们的对错——但首先你得有这些点子!

"没有什么比只有一个想法更危险的了……如果它是我们唯一的想法的话。"

——埃米尔·夏蒂埃(Emile Chartier),法国哲学家

作家罗杰·冯·奥奇（Roger von Oech）写到，他曾为一家大型计算机公司举办创意研讨会。

该公司的总裁担心他的员工缺乏创新性。奥奇问了员工们很多问题，他告诉他们，他想要的并不是正确答案，他所寻求的是第二个正确答案！

换句话说，奥奇在敦促与会者忽略脑海中浮现的第一个答案，转而去寻找另一个非常规的正确答案。

"当我们遇到以前见过的问题时,要想摒弃成见地开展工作,有一个方法,即忽略或'忘记'脑海中最先浮现的正确答案。"

——罗杰·冯·奥奇,
《当头棒喝:如何激发创造力》
(*A Whack on the Side of the Head: How You Can be More Creative*),
阿歇特出版集团,1983 年版

学会延迟判断

有些人太快地评判自己的创意。

出于本能，我们都倾向于采取所谓的**聚合思维**。

聚合思维是帮助我们生存的要素。它是我们评估各种情况（其中一些可能是危险的），然后如何处理这些情况做出判断的过程。

发散思维

与聚合思维相反的是**发散思维**。

发散思维是指让你的思想流动起来——允许思想来探索你的想象力中的一切角落和缝隙。

创造性思维首先需要发散思维，然后才是聚合思维。

换句话说，在你开始判断之前，让你的思想向各个方向发展——无论它感觉如何。不要担心你的想法看起来很疯狂、很愚蠢或很荒唐。你的聚合思维能力最终会把无用的东西剔除掉。

作为富有创造性的思想者，我们必须注意不要去过快地否定一个想法。我们有了一个想法，然后可能对自己说"哦，这绝对行不通"，而我们从来没有说出过这个想法。

关于创造力的一个有名的故事就是便签纸的发明。

1965 年，3M 公司正在试验不同的黏合剂。他们想开发一种强力胶水，就像我手上的这个。

在试图找到一种黏度更大的胶水时,3M 公司经历过一些"失败"——这些胶水并不是那么黏。

其中一种胶水黏性很糟糕,以至于 3M 公司允许它的一名员工获得了这个配方。

那个人就是阿特·弗莱(Art Frye),他不知道该拿这些不合格的胶水怎么办。然后有一天,他的一个朋友抱怨说,他不得不用胶带在自己的房子里到处粘贴纸条。

后面的事可想而知了，阿特·弗莱发明了便签纸。

换句话说，那些乍一看可能很傻，没什么用，或者很离谱的东西，实际上可能有真正的黏着力。

人人都是批评家

因为大多数人都是趋同的思想者，并且倾向于否定新的想法（往往只是因为它们是新的）——你应该对从其他人那里得到的想法保持警惕。

在某些时候，你确实想征求别人的意见。但是，如果你在创作过程中过早地这样做，可能会导致你缺乏勇气去追求了不起的创意。

"创造性的思想家——例如作家、发明家和艺术家——很少谈及正在进行的工作。"

——约翰·阿代尔（John Adair），《创造性思维艺术：激发个人创造力》（*The Art of Creative Thinking: How to be Innovative and Develop Great Ideas*），Kogan Page 出版社，2009 年版

遵从内心而前行

看清弯道是很难的。大多数人看不到变化,直到被变化远远甩在身后。如果你只用别人的想法来衡量你的创意的价值,你可能会失望。有时你只需要相信你自己的直觉,相信你的胆量。

"在每一部杰作里，我们都能认出那些自己业已放弃的思想，它们显得疏离而庄严……这些失而复得的思想警告我们：在大众之声与我们相悖时，我们也应遵从自己确认的真理，不妥协。否则，明天就会有一个陌生人以高超的智慧说出我们一直以来的想法和感受，而我们将被迫羞愧地从另一个人那里接受自己的意见。"

——拉尔夫·瓦尔多·爱默生
（Ralph Waldo Emerson）

正如爱默生所建议的，有时你可能有一个不确定的想法，因此没有继续。接下来你知道的是，别人也有同样的想法，并靠着它起飞了。

"嘿，"你对自己说，"我早在几个月前就有这个想法了。"

关键是不要太快拒绝你的想法。关键是要在想象力和实用性之间找到平衡。

而这并不总是容易的，因为有时，**新的 = 破坏性的**。

3. 创新往往具有破坏性。

有时，创造力需要你有一个强大的胃。

世界上 99% 的人都安于现状，抵制新思想。历史上有创造力的天才往往被认为是古怪的——直到他们的想法被接受或证实为止。然后，每个人都会理所当然地复制这位创造者的想法。

"在通往未来道路上的每个路口，每个进步的精神都会遭到一千名奉命守卫过去的人的反对。"

——莫里斯·梅特林克（Maurice Maeterlinck），比利时籍诺贝尔奖获得者

许多人被变化吓坏了。他们认为任何新事物都具有威胁性。

创造往往是一种反叛的行为，需要一个人与守卫过去的一千个人进行斗争。

认得这个人吗？当然，他是阿尔伯特·爱因斯坦（Albert Einstein）——20 世纪极具创造性的思想者之一。

我刚刚读完一本 550 页的他的传记。

我了解到，爱因斯坦是个叛逆者——他讨厌别人对自己指手画脚。

爱因斯坦对公认的科学"真理"嗤之以鼻。他总有新奇而独特的想法，将他的想法简化为方程式，有时还要应对巨大的怀疑。

"爱因斯坦的生活和工作反映出，20世纪初的现代主义氛围中，社会确定性和道德绝对性已被打破。空气中弥漫着奇思妙想与不服输的精神。巴勃罗·毕加索（Pablo Picasso）、詹姆斯·乔伊斯（James Joyce）、西格蒙得·弗洛伊德（Sigmund Freud）、斯特拉文斯基（Stravinsky）……以及其他人都在打破传统的束缚。"

——沃尔特·艾萨克森（Walter Isaacson），
《爱因斯坦：生活和宇宙》
（*Einstein: His Life and Universe*），
西蒙与舒斯特出版社，2007年版

有时，创造力和天分的浮现需要时间。

爱因斯坦不是一个早熟的孩子。事实上，他直到两岁多才学会说话。他学得很慢，以至于家里的女佣给他贴上了"der Depperte"（德语"笨蛋"的意思）的标签。

爱因斯坦不能（或者不愿意）说话，这让我想起了一个笑话。

曾经有一个小女孩，在她五岁之前，从未说过一句话。

然后有一天早上，令她全家人惊讶的是，她说话了。

"这燕麦粥太烫了!"

"哇,我的老天,你可以说话。但为什么你要等到现在才说呢?"

"因为我没什么重要的话可说啊。"

好吧，这不是世界上最有趣的笑话，但它说明了一个问题。

不同的人会在不同的时间实现突破。有时，按照传统的衡量标准，一些人似乎注定不会成为伟大的人，但最终却成为出人头地的赢家。

"爱因斯坦进步缓慢，却敢于大胆反抗权威，这导致一位校长要把他打发走，还有另一位校长则宣称他永远不会有什么出息，这可真是在开历史的玩笑。这些特点使爱因斯坦成了世界各地注意力涣散的学生的守护神。"

——《爱因斯坦：生活和宇宙》

如果我在客厅里吃西瓜，我的妻子会不高兴。她认为我可能有点邋遢。但对爱因斯坦的思考给了我启发。我需要再叛逆一点。

通过打破传统思维，你就会释放出自己的创造性能量。你可能会产生一些非常愚蠢的想法，但愚蠢并不要紧——只要你三思而后行。

我被抓个正着。现在我需要有点创意了。

为什么不和我玩个小游戏呢？假设你刚刚被抓到做了一件让你的老板、你的配偶、你的父母、你的老师、你的朋友不爽的事。你得想出一些解释你行为的理由。

在跟我的妻子对峙时，我想出了以下的办法。

"这只是水。"

"我以为你说的是客厅里不能有罪犯①。"

"我正在努力像爱因斯坦一样。"

"这瓜吃起来到处都是籽。"

①英语中，罪犯（felons）的发音与西瓜（melons）相近。——编者注

不用担心。我妻子非常善解人意。

她只是建议我今天不要和我的朋友们打高尔夫,而是花时间来清洗椅子。这看上去合情合理。

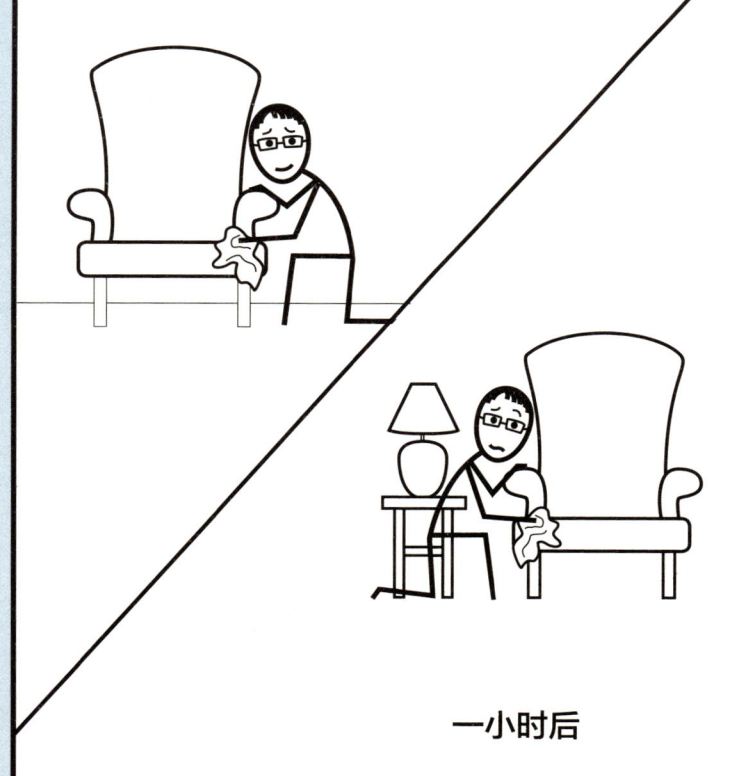

一小时后

事实上,我很想念我的伙伴们。我很难忍受孤独。这都是为我的下一个观点做铺垫的。

4. 当分心的事情最少时，创造力发挥得最好。

创造性思维的另一个敌人是分心。

我们今天生活在一个能 24 小时和外界不间断联系的环境中，这不一定有利于创造。

我读过许多关于心灵的书籍和文章，可以总结为：
大脑一次只能处理这么多。

我们大多数人在不受干扰的情况下最有创造力。

灵感和创造力是有趣的。你永远不知道好的想法何时会突然出现在你的脑子里。但是，如果你的脑子里充满了各种混乱的东西，你那些很酷的想法可能永远不会浮现。

这就是为什么有创造力的人倾向于在他们可以控制或消除干扰的环境中工作。

这是我最喜欢的以创造力为主题的书籍。它是由美国编舞家特怀拉·撒普（Twyla Tharp）写的。我想告诉你，撒普女士是如何提高她的创造力的。

"我知道有些人可以从各个角度吸收大量的信息……他们在众多的刺激下茁壮成长，认为越复杂越好。我不是那种人。当我致力于一个项目时，我不会去扩大自己与世界的联系，我反而试图切断联系。我想把自己置于一个偏执而忘我的闭环中，完全投入到手头的工作中。

"我列出了我生活中最大的干扰因素，并与自己约定在一周内不做这些事情。"

以下是撒普女士为创造一个无干扰的环境而放弃的东西：

1
电影
一种她最喜欢的放松方式。

2
多任务处理
她只做眼前的事。

3
数字
她不再看时钟、钞票、浴室的秤。

4
背景音乐
她觉得它"蚕食"了她的意识。

虽然不同的人能在不同的环境中茁壮成长，但激发创造力的一个办法是在你的生活中建立一些孤独感。

当你的头脑从"噪声"中被解放出来时，它就能更好地漫游、想象和创新。

"当我回顾我最好的作品时，不得不说它们是在我所说的'泡沫'作品的基础上创作出来的。我排除了所有的干扰，牺牲了几乎所有给我带来快乐的东西，把自己关在一个隔离室里，并安排好我的生活，使所有的东西不仅为工作服务，而且从属于它。这不是一种特别合群的运作方式，而是一种积极的反社交行为。另一方面，它又是有利于创作的。"

——特怀拉·撒普，
《创意是一种习惯》（*The Creative Habit*），
西蒙与舒斯特出版社，2003年版

虽然撒普女士的日常工作听起来有点极端，但她远没有像美国知名小说家菲利普·罗斯（Philip Roth）那样过着修道士般的生活。罗斯写过多部伟大著作，包括《波特诺伊的怨诉》（Portnoy's Complaint）和《美国牧歌》（American Pastoral）。

"我一个人住，没有人需要我负责，也没有人需要我花时间。我的日程绝对是给自己安排的。通常，我整天都在写作，但如果我想在晚上吃完饭后回到工作室，我不必因为别人已经独自待了一天而去客厅里坐坐。我不必坐在那里娱乐或是打发时间。"

—— 菲利普·罗斯，
《纽约客》（The New Yorker），
2000年5月刊

依照我的习惯来看，罗斯先生的日常生活是有点郁郁寡欢的。但这对他来说是有效的。

最近，我制定了一个流程，这似乎有助于提高我的写作水平和创造力。

我很少整夜睡觉。

事实上，我几乎总是在凌晨两点就醒了。直到最近，我还是会在那个时段从床上爬起来，阅读电子邮件，并在网上玩。然后有一天，我和自己达成了一项协议。

我决定至少在三十分钟内不离开自己的床。我将留在原地,思考我正在做的项目。显然,没有任何干扰,我发现在这段安静的时间里,我的思想会自由流动,创意随之而来。

如果你想提高你的创造力,你需要给你的头脑以喘息的空间。

"当我独处的时候，或者在我无法入睡的夜晚，正是在这样的时候，我的想法才会流露得最多、最丰富。"

——莫扎特（Mozart）

噪声

你的脑子里有很多噪声。但正如埃克哈特·托尔（Eckhart Tolle）等人所说，你可以控制自己躁动不安的头脑。

当你需要思考的时候，关闭噪声，使你的创造性才能有机会得到发挥。

一些伟大的创作者有听力问题，这可能不是一个巧合。

　　你知道贝多芬在 20 多岁的时候就开始失去听力了吗？

　　你知道吗？托马斯·爱迪生（Thomas Edison）从出生起就有点耳聋。

"爱迪生说，失聪实际上是一种优势，使他摆脱了浪费时间的闲谈，使他有时间来'思考我的问题'而不受干扰。他晚年时说，他幸免于'所有愚蠢的谈话和其他正常人听到的无意义的声音'。"

——兰德尔·斯特罗斯（Randall Stross），
《门洛帕克的魔法师》
（*The Wizard of Menlo Park*），
皇冠出版社，2007年版

在数字化时代,要从所有的喧嚣中跳脱出来特别困难。最近的一项研究表明,我们中约有三分之一的人处于"超级连接"状态——充分地与各种电子设备打交道。在这种情况下,很难找到时间来思考……更不用说创作了。

· · · · · ·

"只有当我们有时间和空间来接受一个新的想法,并跟随想法达到某种境界时,才能产生人类最好的创造力……像我们这样使用电子设备,思维不断跳跃,我们正在导致所有人的创造性时刻越来越少,并让我们工作时越来越难产生联想式创造力。"

——威廉·鲍尔斯(William Powers),
《哈姆雷特的黑莓》(*Hamlet's BlackBerry*),
哈珀·柯林斯出版社,2010年版

想提高你的创造力吗？这里有一个提示：断开与外部世界的联系。当你回来时，你的世界自然就会在那里。

现在开始我的下一个建议——我需要你忘记自己的年龄。我想让你表现得像个孩子。

5. 激发你的创造力的方法之一，是无论做什么工作都要带着童心。

人们产生创造力的一个重要因素是愿意抛弃公认的"真理"。

一个相信一切都"值得三思"的人，更倾向于寻找新的思路——换句话说，创造性地思考。

而你知道谁对公认的"真理"不屑一顾？没错……孩子！

孩子们没有久远的历史可以依靠。他们没有固定的方式。他们不从实用性的角度考虑问题。他们不担心后果。

还记得爱因斯坦伸出舌头的那张照片吗？在拍摄那张照片时，他差不多 70 岁。但他并没有失去顽皮的天性。事实上，正是这种对生活有点孩子气的态度增强了他的创造力，一直到他去世的那一天。

好吧，请允许我放纵一下。想一想经常刺激你的东西或人。现在对着那个东西或人伸出你的舌头。伸出来！并发出响亮的声音！

这让你感觉如何？也许只是有点傻乎乎的？

希望如此……因为愚蠢是游戏和想象的一部分。

愚蠢是一种解放。它鼓励不尊敬权威……和非传统思维……以及,创造力。

"他,笑到了……最后。"

——佚名

希望你喜欢我们的这套"简单有趣的个人管理"书系。

当我决定开办一家出版公司时，我不想做"老一套"。我想尝试一些不同的东西。

当我开始画火柴人时，我是否回到了我的童年？这不是刻意的，但一旦我与"老一套"脱节，我就打开了思路，找到了新的沟通方式。

产生大量想法的人可能没有意识到他们在做什么，但在某些时候他们表现得像孩子。他们让思想流淌，而不担心实用性、惩罚或费用问题。

"世界上最伟大的发明是儿童的头脑。"

——托马斯·爱迪生

嘿，我想出了一个照亮房间的好主意！

说到托马斯·爱迪生，这张图片有什么意义吗？爱迪生发明了灯泡，那么他是怎么产生发明灯泡的想法的呢？

我最喜欢的一本关于创造力的书是杰克·福斯特（Jack Foster）写的《好想法从哪里来》(*How to Get Ideas*)。以下是他对创造力的看法：

"把你心中的孩子放出来。不要害怕。

"想出新点子的方法之一是要更像个孩子。

"放松一下。某天上班的时候跑到大厅里。把你办公桌抽屉里的东西都拿出来，放在地板上几天。重新布置你的家具。用蜡笔写笔记。

"忘记以前做过的事情。要打破规则。要不讲逻辑。傻一点。自由一些。

"做一个孩子。"

福斯特有个想法是引导人们重新布置卧室或办公室的家具，我就决定拿我的起居室练练手。

"我绝对不希望某人现在闯进来，你能猜到我所说的那个人是谁。"

6. 提高创造力的一个方法是，改变你周围的环境。

我喜欢做填字游戏。我觉得做填字游戏最吸引人的地方是我的思路被卡住。

当我觉得做填字游戏时走到了死胡同，我就把它放下，做一个小时其他事情。然后，我再回来做，经常能够填出一个小时前还让我感到困惑的单词。

这该怎么解释？

没有人知道大脑如何产生想法。

但我们所知道的是,想法在任何时候、任何地方都会出现在我们面前。

你一天中的每一分钟都有很大的不同。

一天中的每一分钟,你都在经历着不同的刺激。而你的头脑以不同的方式对不同的刺激做出反应。

假设你正在做一个填字游戏（或者面对其他挑战）。现在是上午 10 点，窗外有声音。你可能是饿了或热了，或者又饿又热。你在想你和朋友之间的纠纷。所有这些刺激都导致你的大脑以某种方式工作。

好吧，我们设想一下，你停止思考你的填字游戏，然后做了一个小时其他的事情。

现在是上午 11 点，你回到了房间。你的窗外有不同的声音。你不再饥饿，也不再感到热。你已经忘记了与朋友的分歧，而是在想你的晚餐。

你又看了一眼你没能完成的填字游戏，那个在一个小时前还让你感到困惑的提示，突然你想到了答案。

这是怎么了？难道你过了一个小时就变聪明了？当然不是。

发生的事情是，你用一双"新"的眼睛来看这个填字游戏。那并非真正的新的眼睛，但的确是跟以前大有不同的眼睛。

大脑是一个神奇的器官。

大脑中约有 1000 亿个神经细胞（神经元），神经细胞之间大约能够建立 100 万亿个不同的可能的联结点。

即使到达你的大脑的刺激发生小的变化，也能引起你的创造力的重大变化，更不用说在三重黑钻雪道①上滑雪了。

①作者用三重黑钻雪道表示难度极高的事。——编者注

"今天早上，你泡了一杯茶或咖啡，吃了你的早餐——和昨天一样。

"但真的是这样吗？你甚至不会以与昨天完全相同的方式刷牙。每一分钟都是独一无二的。"

——《创造性思维艺术：激发个人创造力》

创造力专家告诉你，当你陷入困境的时候——当你需要提升你的创造力的时候——不管你正在做什么，停下来，做一些其他的事情。遛狗，放点音乐，去游泳。

目的是要改变对大脑的刺激。

通过这种方式，你可能会用完全"不同"的眼光看待你所要面对的挑战。

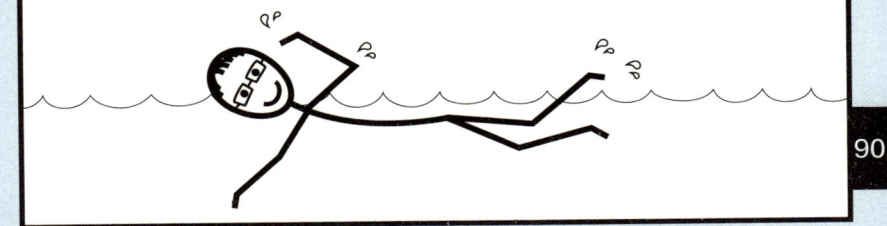

为什么我以前没想到呢?

哇,那次游泳感觉很好。
我现在想为我下一个关于创造力的观点提供一个线索。
这其实是 20 世纪 60 年代国家图书馆周的一个广告。

abcdefghijklmnopqrstuvwxyz

在你当地的图书馆，这些已经被安排好了，可以让你哭，傻笑，爱，恨，好奇，思索，以及理解。这 26 个字母的作用真是令人吃惊。在莎士比亚（Shakespeare）的手中，它们成为《哈姆雷特》（*Hamlet*）。马克·吐温（Mark Twain）用它们写出《哈克贝利·费恩历险记》（*The Adventures of Huckleberry Finn*）。詹姆斯·乔伊斯用它们写成《尤利西斯》（*Ulysses*）。吉本（Gibbon）用它们写成《罗马帝国衰亡史》（*The Decline and Fall of the Roman Empire*）。约翰·弥尔顿（John Milton）用它们写出《失乐园》（*Paradise Lost*）。

7. 大多数情况下，创造力意味着重新去排序、扩展或结合已经存在的东西，使之变成新的东西。

偶尔有人会发现一些新东西……例如，有人在 1930 年发现了冥王星。好吧，实际上冥王星一直都在那里，只是我们不知道而已。

任何创造性的努力都是如此……文字、颜色、音符、原材料、化合物都已经存在了。要有创造性，你只需要以新的方式将它们结合起来。

顺便说一句，许多人认为冥王星是以迪士尼可爱的角色——小狗布鲁托[1]命名的。

事实上，这颗星球是以罗马的冥王的名字命名的，而迪士尼的狗是以这颗星球的名字命名的。

什么？我是以一个小小的星球的名字命名的？

[1]冥王星的英语发音为"布鲁托"。——译者注

曾经有人问亨利·福特（Henry Ford）是如何白手起家取得如此大的成就的。

他是这样回答的：

"说我白手起家，并不正确。每个人都是从所有已有的东西开始的。一切都在这里——所有事物的本质和实体都在。"

当我坐下来写作时，令我感到很开心的是，我创作一本超级畅销书所需要的单词都已经存在。我所需要做的就是按正确的顺序触碰我的笔记本电脑上的按键。这应该不会太难。

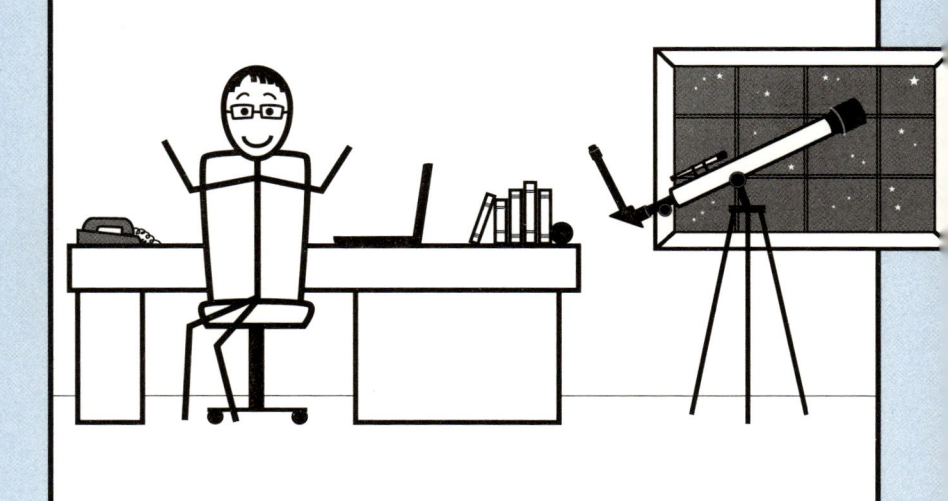

即使在商业领域，90% 看似全新的概念，实际上都是现有商业理念的变化或组合。

谷歌并没有发明搜索引擎。它远不是第一个销售广告的互联网公司。它甚至不是第一家将搜索功能与关键词挂钩的公司。

谷歌的独特主张——它的创造性投入——是开创一种根据网站被浏览或链接的频率对其进行排名的方法。实际上，这只是对已有的商业理念的调整。

脸书也是如此。

正如你可能知道的那样,在脸书创始人马克·扎克伯格(Mark Zuckerberg)有了将照片和资料放到网上方便成员之间交流的想法之前,带有学生照片的通讯录已经流行了很多年。

扎克伯格并没有重新发明"车轮"——他只是做了一些调整。

"一个想法不外乎是旧元素的新组合。"

——詹姆斯·韦伯·扬（James Webb Young），
《创意的生成》（*A Technique for Producing Ideas*），
NTC 出版社，1988 年版

"发现就是见众人之所见，想别人未曾想。"

——佚名

见众人之所见，想别人未曾想的一个方法是重构大家一直在问的问题。

8. 有时，创造性冲动来自重构你要解决的问题。

爱因斯坦曾经说过，如果他只有 1 个小时来拯救世界，他首先会花 55 分钟来思考这个问题。

"提出一个问题往往比解决一个问题更加重要。"

——阿尔伯特·爱因斯坦

现在，我想告诉你一个关于一位建筑师解决了大问题的故事——仅仅通过重构他的客户所提出的问题。

一个办公大楼的业主曾经聘请一位建筑师来帮助解决自己的问题。

业主的办公楼已经过时，其电梯过于陈旧狭小，速度缓慢。

在这栋楼里工作的人总是在等待电梯，这使他们很不开心。

大楼业主要求建筑师改进电梯系统。

但考虑到大楼的物理结构，现有的备选方案都是很难实现的，而且造价不菲。

后来有一天，建筑师问了业主一个"愚蠢"的问题。

"我们真正想要达到的目的是什么？"

"真是个愚蠢的问题，当然是让在楼里工作的人开心。"

"的确如此，也许我们还有别的办法。"

"你这话是什么意思？"

因此，建筑师做了一件非常简单且省钱的事情。他安了一面镜子。

镜子实际上只是分散了人们的注意力。电梯还是又窄又慢，但现在，等待不那么无聊了。当人们在等待电梯时，他们整理自己的领带，打理自己的妆容，或者仅仅是自我欣赏。

换句话说，员工们在等待电梯的过程中没有那么不开心了。

所有这些都是因为建筑师重构了他和业主所面临的问题。

顺便说一下，你有没有注意到有多少办公楼的墙壁是镜面的？

历史上有许多例子，创新者仅仅通过改变他们自己提出的问题就能产生一些想法。

1

亨利·福特不再问如何将他工厂里的工人转移到工作地点，而是问如何将工作送到他的员工手中的时候，构思出了生产流水线。

2

爱德华·詹纳（Edward Jenner）不再问人们为什么会得天花，而是问为什么有些人（挤奶女工）不会得天花的时候，发现了天花的疫苗（接触相对无害的牛痘）。

3

列奥纳多·达·芬奇不再问如何将人们带到淡水附近，而是思考如何将水送到人们身边的时候，设计了第一个现代管道系统。

我现在要休息一下，不写了。

我要让我的潜意识做一些工作，让我的想法酝酿一段时间。

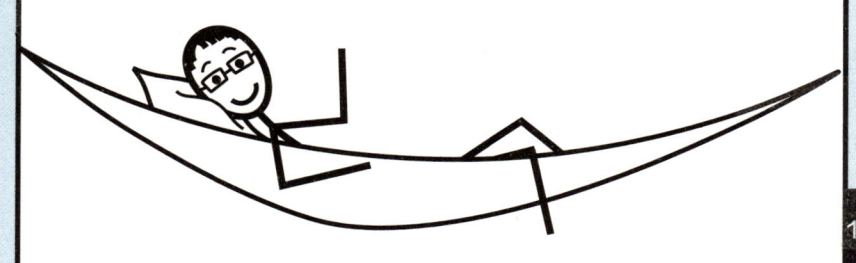

9. 有时，你的潜意识会为你做创造性的工作。

在许多方面，创作是一个相当玄妙的东西。

想法在我们的头脑中跳来跳去，似乎是随机的。心理学家称之为"思维跳跃"。你的任务就是集中注意力，以便你能抓住那些好的想法。

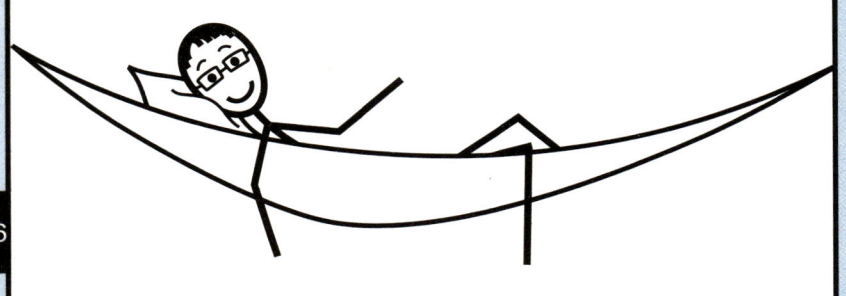

当从事一项创造性的工作时，你需要相信你的潜意识在工作，即使你没在工作。

在任何时间点上，你都只能意识到你的大脑活动的很小一部分。在你意识的表面之下，有很多事情正在发生。最终，这些活动会浮出水面。

"在创作状态下，人从自我中脱离了出来。他把自我放下来，身体完全放松，像个水桶一样浸入潜意识的井里，再把他平时无法触及的东西拉上来。他把这个东西和他的日常经验混合在一起，利用这个混合物，他创造了一件艺术作品。"

——E.M. 福斯特

你是否曾经对某件事有一种直觉？是否有一个想法不知从哪里跳进你的脑子？你是否曾经在思考或做一些完全不相关的事情时看到问题的解决方案？

这些都是你的潜意识在工作的例子。

研究人员甚至认为，在你睡觉的时候，你的大脑也在工作。

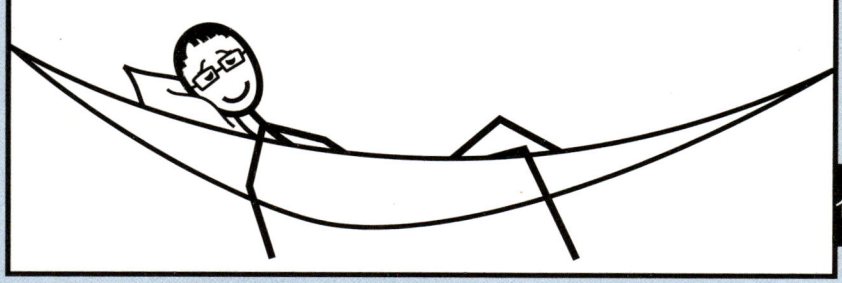

这就是为什么一些伟大的发明家，包括托马斯·爱迪生，睡在他们的实验室里。他们希望在醒来的那一刻就能获得他们的灵感。

一天晚上，我决定尝试睡在我的桌子上……看看我是否会被一些新的想法唤醒。对我来说并不奏效——我不小心把两根手指钉在了一起。

我现在要小睡一会儿。

下次你没有想法的时候，也许你应该相信你的潜意识，让你的想法酝酿一下。

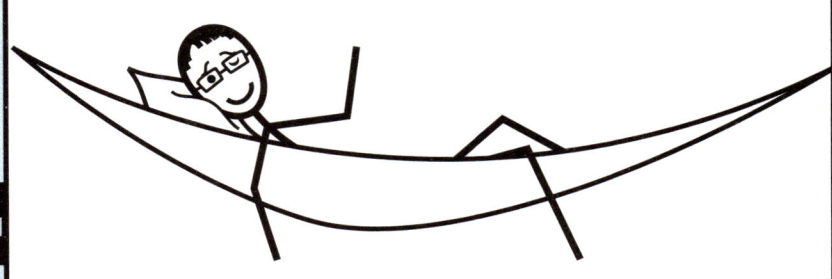

"你的潜意识永远不会停歇。当你放弃思考问题并决定把它忘掉时,你的潜意识并没有放弃工作。思想在你的潜意识中不断向各个方向自由闪现。

"它们碰撞、组合和重新组合了数百万次。通常情况下,许多组合并没有什么价值,但偶尔也会有一个组合被你的潜意识欣赏,把它看作一个好的组合,并把它作为一个'思想爆炸'的想法传递到意识中。"

——迈克尔·米哈尔科(Michael Michalko),
《破解创造力》(*Cracking Creativity*),
Ten Speed 出版社,2001 年版

正如你所看到的，我已经从午睡中醒来，正在慢跑。

虽然我从来没有跑过 1 英里①以上，但我决定训练跑马拉松。我今天要争取创造个人最好成绩——1.2 英里。我意识到这离 26 英里有一段距离。但你必须从某个地方开始。

① 1 英里约合 1.6 千米。——编者注

10. 要有创造力，你必须从某个地方开始。

好，还不错，1.25 英里。我正在向前行进。

大多数人从来没有开发过自己的创造潜力，因为他们从来没有离开过某种意义上的"沙发"。除非你给创造力一个机会，否则你永远不知道你可能取得什么成就。

几乎生活中的一切都可以从一个新想法、新方法、新项目、新挑战中受益。但首先你需要开始。

许多人觉得他们的想法永远不会有结果,所以他们干脆不开始。还有一些人害怕失败,所以他们从不让自己的创造性思维自由发挥。

这些人在开始之前就打败了自己。

你追求的任何创意都有可能失败,可能让你看起来很傻,可能让你尴尬。好的,这就是事实。现在跳过它们。

如果你想让尴尬或失败的可能性阻止你,那么现在就把这本书放下。我不会卖给你一份货物清单。失败、尴尬、羞辱、挫折——这些都是创造力游戏的一部分。不经历这些可能发生的事情,你无法成功。

"保证不犯错误很容易。你所要做的就是保证不再有想法。"

——利奥·伯内特（Leo Burnett），
　　　　　广告公司经理

有一个好消息是，一旦你开始前进，惯性就会开始帮助你。

一旦你开始创新，你就会形成势头。插上旗帜，采取行动，你的创新之火即将点燃。

我试着每天都写作。很多时候，当我坐下来写作时，我并不觉得有什么特别的创造力。但大多数时候，仅仅是开始打字的动作就能产生想法。一旦你开始了，就像是打开了一个创意开关。这样做会让你的大脑处于运转状态，并提高你的创造力。

不要等待灵感

"怎么才能有灵感呢?"你可能会问。

"难道我不应该等到我知道想说什么或做什么之后,再开始我的创新吗?"

有些人认为,除非他们途经一个标志——一个能照亮他们道路的东西,否则就没有必要开始一段创造性的旅程。这种情况很少见。如果你等待灵感,你可能永远都在等待。

"如果一个人要等待所谓'灵感',那他一个字也写不出来。"

——格雷厄姆·格林(Graham Greene)

我喜欢我的新耐克跑鞋。我最喜欢他们的广告语：JUST DO IT（想做就做）。

开始任何新的尝试都是可怕的。**创造性思维并不适合胆小的人。**

"创造性行为的第一步就像在黑暗中摸索：随机和混乱，狂热和恐惧……视线中没有明显的终点。"

——特怀拉·撒普

但生活中没有什么比站在原地更危险的了。

"即使你在正确的轨道上,你只是坐在那里的话也会被撞倒。"

——威尔·罗杰斯(Will Rogers)

我知道自己可以赶在被那些骑自行车的人撞倒之前踏上路边道。因为我通过余光看到了他们。

这就引出了我下一个关于创造性的观点。

11. 开阔视野，提高你的创造力。

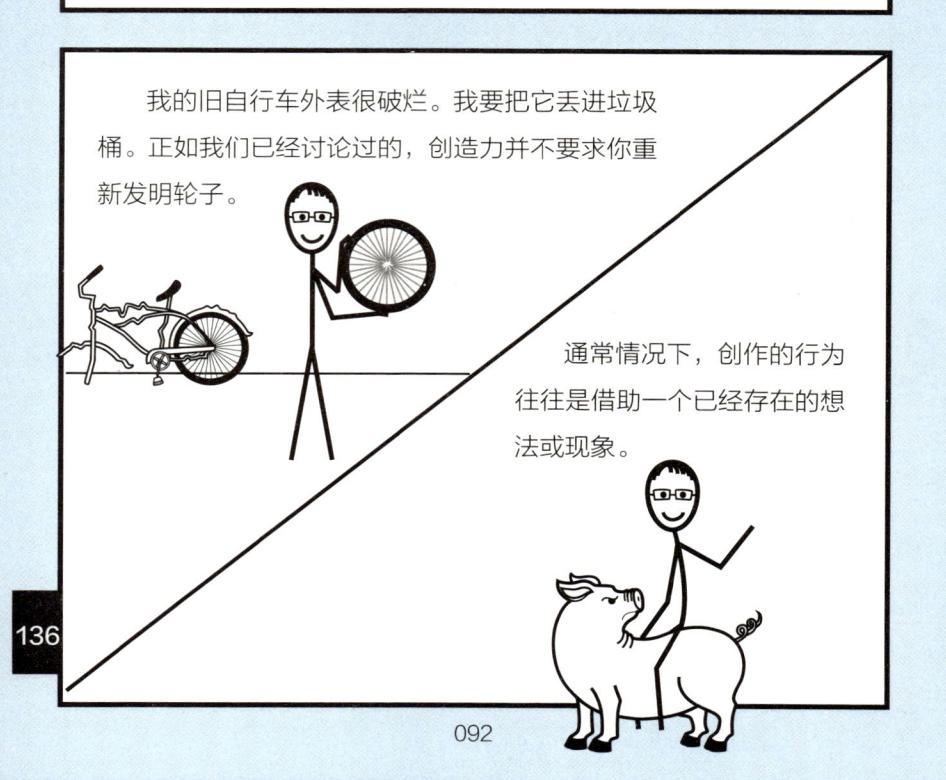

我的旧自行车外表很破烂。我要把它丢进垃圾桶。正如我们已经讨论过的，创造力并不要求你重新发明轮子。

通常情况下，创作的行为往往是借助一个已经存在的想法或现象。

然而，要在已经存在的内容上进行构建，你需要了解现有的内容。你需要提高你的观察力……让你的好奇心起作用。

例如，你好好欣赏过一朵花吗？把它举到面前？闻它的气味？欣赏自然之美？

> 我真想吃掉这块火腿。

"静静地站着，观察那些纯粹偶然生成的图案：墙上的污渍，壁炉里的灰烬，天空中的云朵，沙滩上的砾石，或其他东西。如果你仔细观察它们，你可能会有奇迹般的发现。"

——列奥纳多·达·芬奇

艺术家经常会注意到线条、物体或样式，并把它们变成艺术。例如，毕加索会用在路边发现的物品创造出艺术作品。

　　有一天，他看到一辆破旧的自行车，就用变形的车把和车座创作出了这幅牛头画。

　　当你的观察力自由发挥时，你就会开启创造性思维。

联想思维

看到一个物体或形式,并将其与一个完全不相关的物体或形式相联系的能力,被称为联想思维。

"联想障碍较少的人可能会在思考中把那些与过去的经验中几乎没有依据,或者几乎没有逻辑关系的想法或概念加以联系。"

——迪安·基思·西蒙顿(Dean keith Simonton),
《科学中的创造力》(*Creativity in Science*)

通过打开你的感官来发展你的观察力,会增强你的联想能力。

培养你的好奇心

有创造力的人几乎都是有好奇心的人。

好奇心可能会"害死猫",但据我所知,大多数人都是靠自己的好奇心生存和发展起来的。如果你对某件事情感兴趣,就把你所看到的东西层层剥开,以确保你了解关于它的一切,并且,要问自己很多问题!

"为什么,爸爸?……为什么?……但是为什么,爸爸?为什么?"

孩子们做得很棒。他们问了很多问题。他们想知道一切事情的答案。

有创造力的人也是如此。

"杰出的思想家从未停止提问，他们知道，这是获得更深刻见解的方式。"

——保罗·斯隆（Paul Sloane），
《高效思考：成功思维训练法》
(*How to Be a Brilliant Thinker: Exercise Your Mind and Find Creative Solutions*)，
Kogan Page 出版社，2010 年版

"我们经营这家公司靠的是问题,而不是答案。"

——埃里克·施密特(Eric Schmidt),
谷歌公司前首席执行官

意外发现

当你用感官去感受周围的景象和声音时，你也向意外的新发现——偶然发生的事情敞开了自己。

意外发现是指你在不自觉地寻找事或人时，偶然发现它们。

让我告诉你我最喜欢的一个关于偶然性和创造性的故事。

1945 年，一个叫珀西·斯宾塞（Percy Spencer）的人工作中会使用一些雷达设备。

有一天，他注意到他口袋里的糖正在熔化。

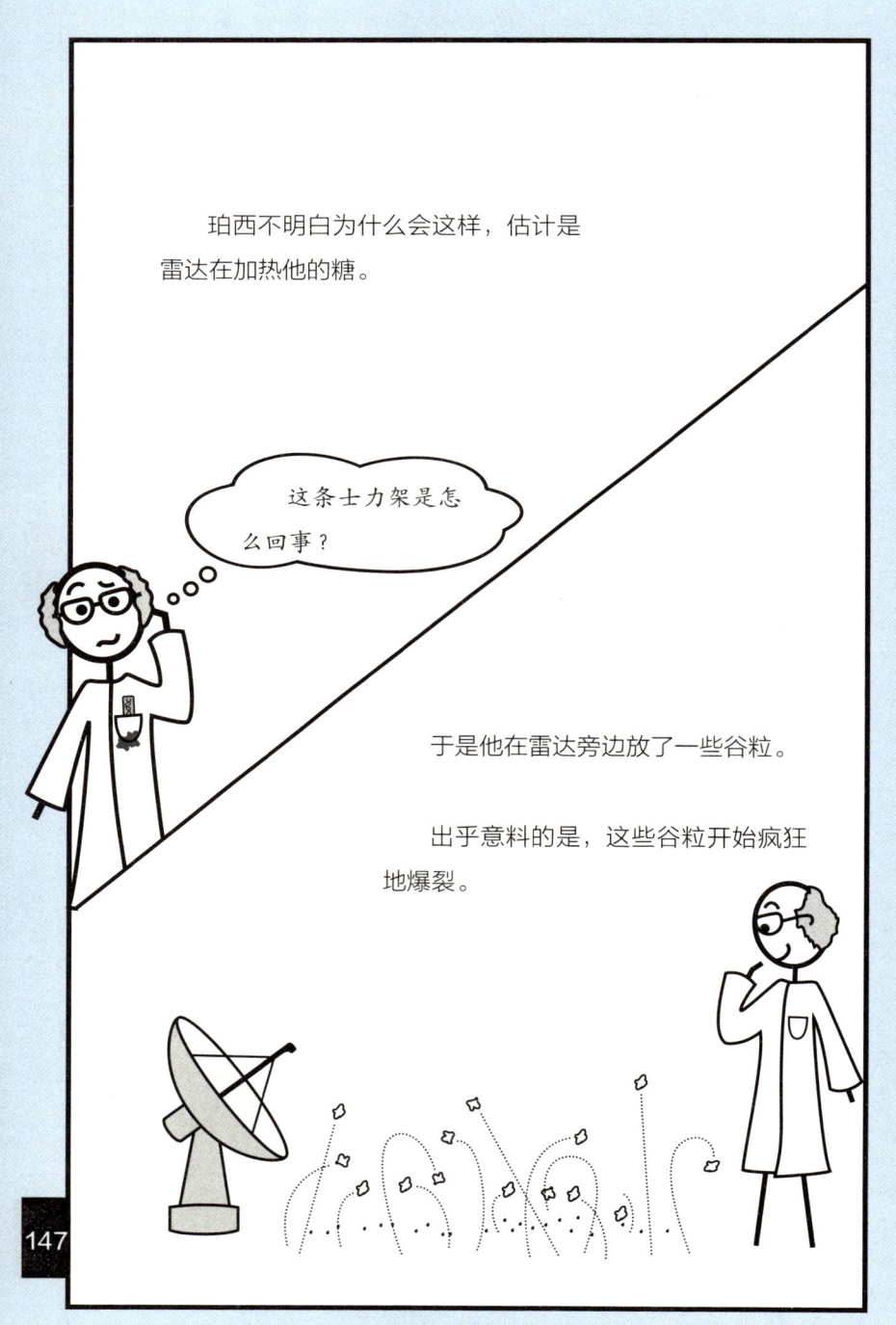

珀西不明白为什么会这样,估计是雷达在加热他的糖。

这条士力架是怎么回事?

于是他在雷达旁边放了一些谷粒。

出乎意料的是,这些谷粒开始疯狂地爆裂。

那天，珀西·斯宾塞进入他的实验室时，并没有想去做爆米花。他计划对无线电波和雷达系统进行实验。但是，意外发现让他有了不同的计划……是的，没错，珀西在这一偶然事件中，发明了微波炉。

每天你都会见证成千上万的小事。你是否会注意到这些怪事，这些偶然发生的事情并因此找到灵感？你的思维是否打开了？

"在日常生活中，我们有时候会看到无法解释的事情。我们往往会忽略这些时刻或不解释它们。

"然而，对创新者来说，这些无法解释的事情就是打开未来之门的机会。新知识不都是以奇怪或不可理解的面目出现在我们面前的吗？"

—— 斯科特·伯昆（Scott Berkun），
《创新的神话》（*The Myths of Innovation*），
奥莱利出版社，2007年版

有时，一个偶然的事件可以真正启发你的创作灵感。

这两个人正在丛林中徒步旅行。

不幸的是,他们遇到了一只饥饿的猎豹。

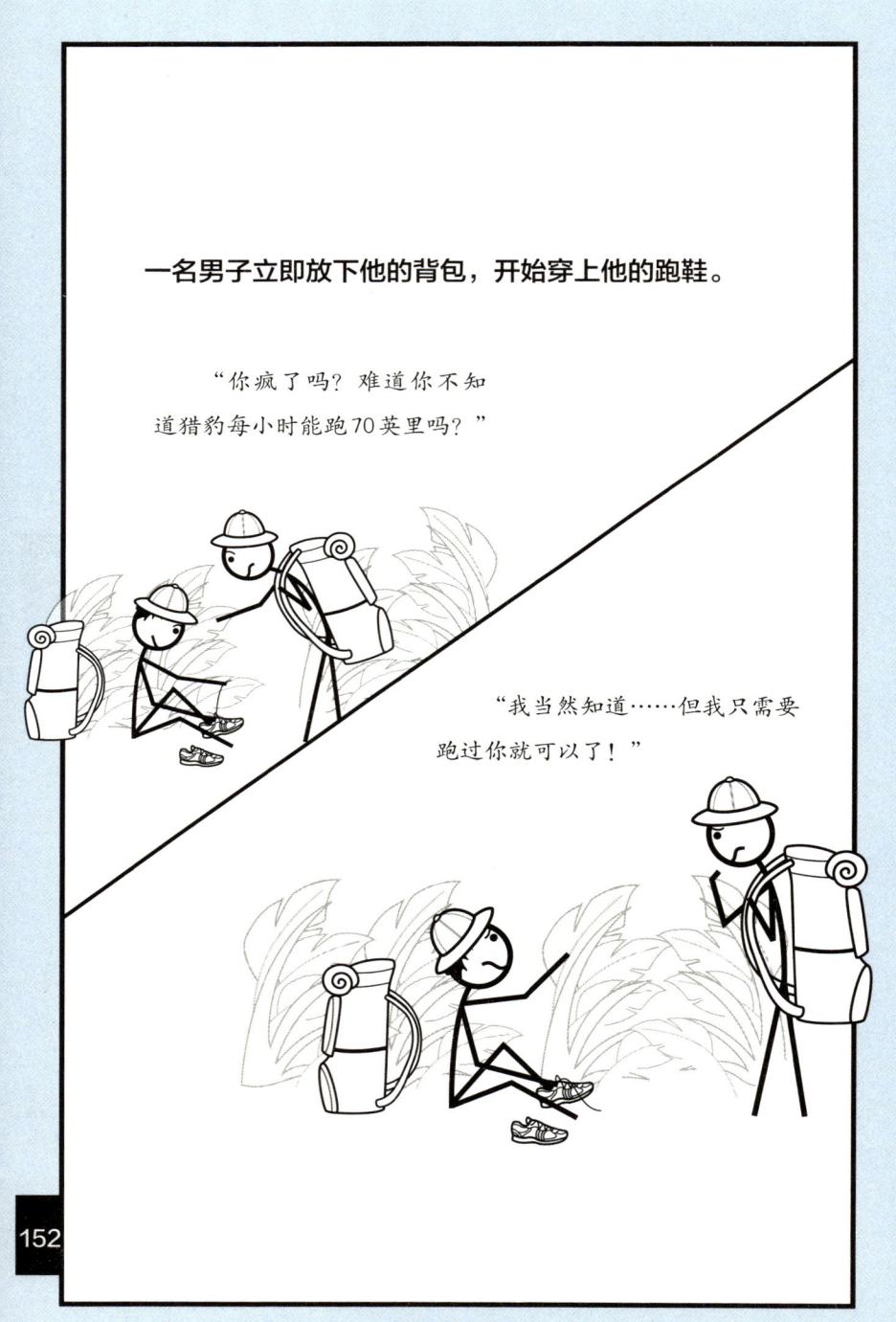

一名男子立即放下他的背包，开始穿上他的跑鞋。

"你疯了吗？难道你不知道猎豹每小时能跑70英里吗？"

"我当然知道……但我只需要跑过你就可以了！"

这个故事总是让我发笑。

我不太相信你会经常撞见猎豹。但是，通过意外事件打开你的思维，可能会激发你的创造力。

以乔治·德·梅斯特拉尔（George de Mestral）的故事为例，20世纪40年代，他到森林里远足，回来时裤子上都是毛刺。他想知道为什么它们这么难去除，于是他拿了一个放在显微镜下看（可以说是睁大了眼睛）。接下来，他发明了尼龙搭扣。

Zappos 和意外发现

Zappos（美捷步）公司的创始人谢家华（Tony Hsieh）相信，随机发生的事情和交谈可以带来伟大的创意。他甚至要求他的员工通过一个入口进入他们的办公室——为了制造偶然的相遇，激发创造性思维。

"我们在搬进大楼的时候就做出了这个决定，作为我们的一部分目标……增加员工偶然互动的机会。"

——谢家华
《带来快乐》[1]（*Delivering Happiness*），
Business Plus 出版社，2010年版

[1] 已出版中译本名为《三双鞋》。——编者注

12. 通过打破现有模式和假设，提高你的创造力。

不管你是否喜欢，我们都会在思考中形成思维定式。我们倾向于以之前的思维方式去理解、处理与分析今天所观察到的东西。

结果是，我们的创意点变得经不起推敲。

看看黑板上的两个图形，如果我告诉你它们是完全相同的，你会感到惊讶吗？

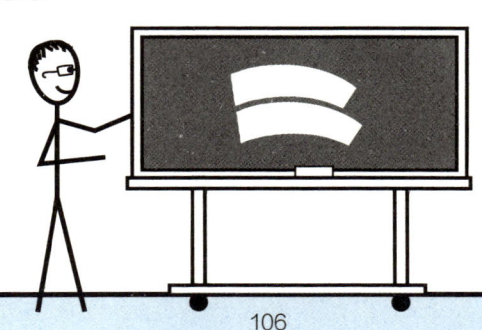

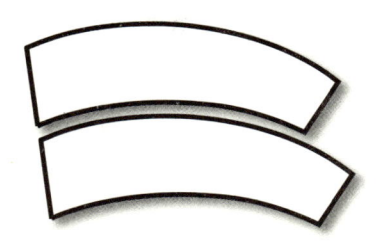

大多数人坚信,这两个图大小不一样。但是,它们是完全一样的。

因为它们的位置,大多数人不觉得它们是相同的。这个例子说明,用固定的思维模式看待和处理问题是多么僵化。

为了产生创造性思维,你需要打破思维定式。你需要以新的方式进行思考和分析来刺激你的大脑。

这里有两个建议:
A. 挑战假设。
B. 打破模式和条件反射。

A. 挑战假设

16 世纪，科学家哥白尼挑战了既定的科学思维，他提出地球是围着太阳转的，而不是太阳围着地球转。在那之前，每个天文学家都是根据错误的假设工作的，这一错误的假设歪曲了他们所有的发现和想法。

你也有某些假设，关于事情是如何运作的，是由什么引起的，什么方法最有效。

为了尽可能地发挥创造力，你需要检验你的假设。

如果你想最大限度地发挥你的创造力，请认真思考你所有的假设。

"我们都有过这样的经历，把某些事情视为观点或行动的指导，然后发现我们做出了一个毫无根据的设想——可能是一个无意识的假设。小心这些先入为主的观念！

"因为我们接受了各种各样的设想和先入为主的观念——通常以固有印象或常识的形式出现，但经过检验，这些假设和先入为主的观念往往是未经证实或值得商榷的。这些都是阻碍新思想产生的主要因素。"

——《创造性思维艺术：激发个人创造力》

当你因为一个问题或一个机会而纠结时，试着把它分解成更小的部分。看看你的每一个前提或假设。你对其中的每一个都有把握吗？是否有其他的思考方式？

在我们的一生中，我们都会得出某些结论。一旦我们得出一个结论或有一个信念，我们通常会坚持它，总是寻找例子来支持它。

我们不会寻找例子去对它加以否定。

假设你认为所有的摩托车手都开得太快。

有一天，你和你的朋友在高速公路上开车，一个骑摩托车的人从你们身边飞驰而过。

"看，我告诉过你，所有的摩托车手都开得飞快。"

不过，你的朋友比你聪明一点。

"吉姆，目睹一个能证实你的设想的事件，并不能证明你的想法是正确的。你必须睁大眼睛，寻找与你的固有想法相悖的事实。下面这件事就是一个例子。"

在伟大著作《黑天鹅》（*The Black Swan*）中，纳西姆·塔勒布谈到了假设思维。

他以黑天鹅为例，多年来，人们一直认为没有黑天鹅——直到在澳大利亚发现了很多黑天鹅。然后每个人的假设都变了。

塔勒布认为，因为我们从未见过或经历过某件事，就认为我们将永远不会看到或经历它，这是危险和短视的。在创造和解决问题的过程中，我们必须训练自己去思考出现"黑天鹅"的可能性。

"如果我们专注于知识的反面，或我们不知道的东西，这样我们可以做很多事情。"

——纳西姆·塔勒布，
《黑天鹅》

"如果以肯定开始，必将以怀疑告终；如果以怀疑开始，必将以肯定告终。"

——弗朗西斯·培根爵士（Sir Francis Bacon）

B. 打破模式和条件反射

第二个建议是有意识地改变我们的思维模式。

让我们做个实验。把"bloke"这个词说三遍。

现在，告诉我什么词意指"蛋清"。

大多数人可能会说"yolk"，这个单词的意思当然是蛋黄。这是重复一个押韵单词后的条件反射。

我们在思考时都受到某些条件反射的影响。

"当你的注意力集中在一个主题时，一些模式会在你的大脑中高度激活，并主导你的思维。无论你多么努力，这些模式只能产生自己可预测的想法。事实上，你越努力，这样的模式就会变得越强大。

　　"然而，如果你改变了你的注意力，去想一些不相关的事情，不同的、不寻常的模式就会被激活。"

——迈克尔·米哈尔科，
《破解创造力》

我最近读了一本名为《横向思维》(*Lateral Thinking*)的书，作者是爱德华·德·波诺（Edward de Bono）。

这本书提出了两种思维方式，一种是纵向思维，即逻辑和顺序思维(A 到 B，然后 B 到 C，等等)。还有一种是横向思维。事实上，横向思维的目的是打破你的思维习惯，激发一种新的思维方式。

下面是德·波诺先生关于激发横向思维的建议：

（1）把问题或机会的各个部分拆解，然后逐一反思。这些部分如何以不同的方式重新组合？

（2）从字典中随机选择一个单词。有没有办法把这个词和你的创造力联系起来？

（3）考虑一下你在一个不合理的情境下所面临的挑战，例如，水向山上流。如果是这样的话，你会如何解决你的问题？

（4）把注意力集中在完全不相关的事物上，你能从它们的相似点或不同点中学到什么？

横向思维的要点就是打破你原有的思维模式。

横向思维是为了刺激你——让你摆脱认知习惯。

你从横向思维中获得的许多想法对你来说毫无价值。但是，偶尔，横向思维的过程中你会顿悟……在应对、分析或理解上有突破性进展。

德·波诺先生就激发横向思维的建议之一是：思考不相关的事物，并考虑它们的异同之处如何适用于你的挑战。

在我写第一本书之前，我尝试了德·波诺先生的几个建议。事实上，有一天我坐在那里盯着一些不相关的东西——一根羽毛和一个保龄球。

我希望这个过程能给我一些灵感，让我更好地与读者交流。

以下是我盯着羽毛和保龄球时的一些想法：

1
羽毛和保龄球的重量
一轻一重。

2
羽毛和保龄球暗示着前进的运动
一个物体优雅地移动，而另一个物体在滑行。

3
羽毛和保龄球的颜色暗示着一种心灵的状态
干净和纯净，不受负面信息的影响。

大约过了一个小时，我开始琢磨这两件物品之间的差异。

对我启发最大的是它们之间的显著差异——重与轻，黑与白，坚硬与柔软。

不知什么原因，我想到了恐怖电影。我记得我最喜欢的两部是《美国狼人在伦敦》(*An American Werewolf in London*)和《惊魂记》(*Psycho*)。我不会剧透电影里的悬念，但我想说，最令人难忘的场景发生在那些形成鲜明对比的时刻——有人愉快地散步，然后"砰"的一声，发生了一个可怕的事故。

对比手法造成的冲击

就在那时，我决定在我的书里增加大量的对比——滑稽的小火柴人配以爱迪生的语录，愚蠢的笑话与爱因斯坦的故事放在一起，文字辅以图片。

在探究了人们怎么学习后，我相信这本书中的对比有助于你记住我们的观点。

横向思维鼓励在不同对象和概念之间进行比较。通常情况下，当你思考它们的不同之处时，你会改变日常思维模式。

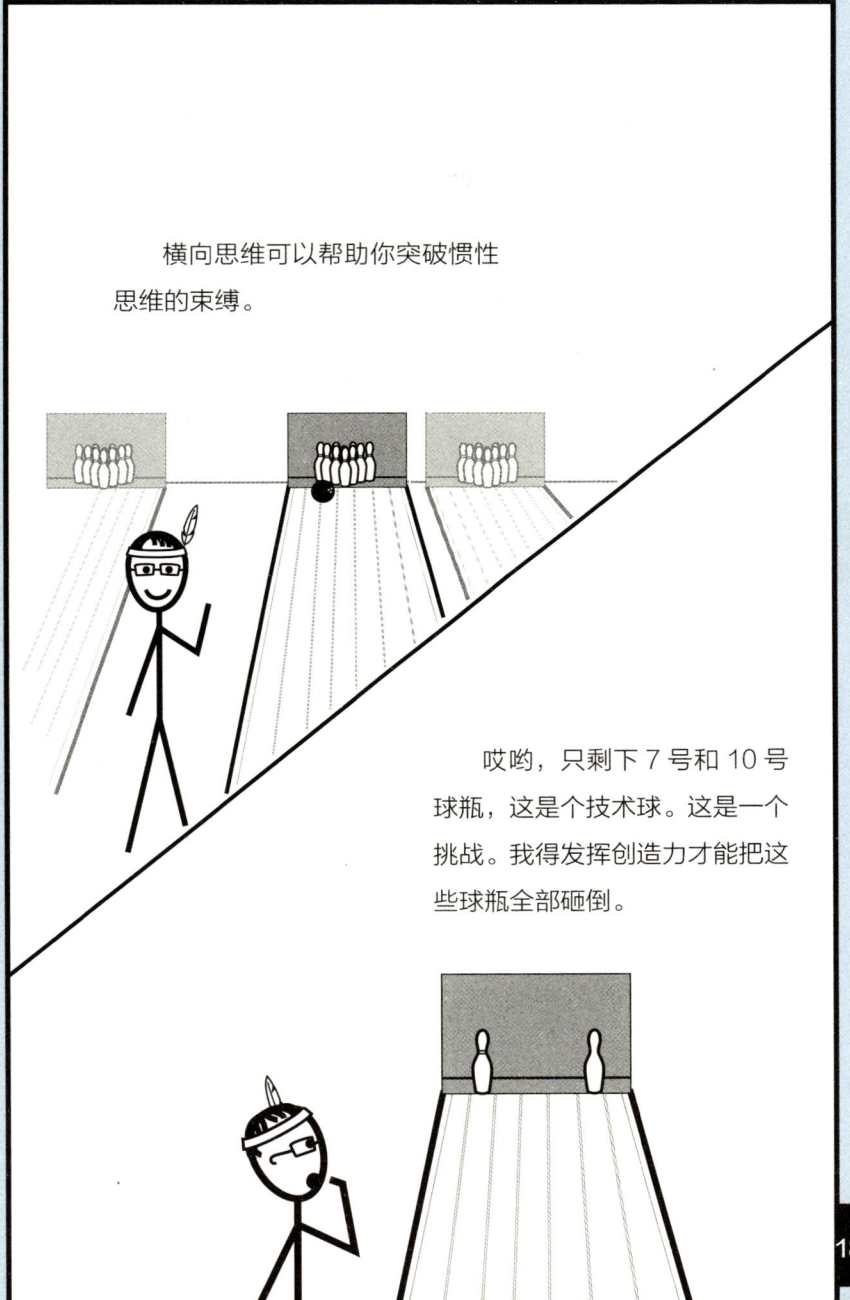

横向思维可以帮助你突破惯性思维的束缚。

哎哟，只剩下 7 号和 10 号球瓶，这是个技术球。这是一个挑战。我得发挥创造力才能把这些球瓶全部砸倒。

这当然是乱讲。这样做是不允许的。我敢肯定之前没有人尝试过！

有时候，你必须像疯子一样思考，才能打破你头脑中多年形成的思维模式。

哎哟，疼死了！谁知球瓶竟然这么硬？好吧，这是引出我下一个关于创造力的观点的绝佳切入点。

13. 创造性思维可能会带来不适。

创新的过程并不总是美好的。这个过程可能很费力，可能会产生畏难、焦虑的情绪。

多年来，我知道，我最喜欢确定性、有序感和熟悉感。当我冒出奇怪的想法，尝试去陌生的地方和体验未曾有过的经历时，我会感到焦虑。

但这种想法对我有很多启发。我意识到，我追求舒适圈的本能并不总是健康的，另一方面当然也不利于最大限度地发挥创造力。

我意识到，要想更有创造力，我必须能够接受某种程度的不确定性和混乱性。

"有些人从性情上看，任何含糊不清的事情都会让他们感到不舒服，甚至有压力。他们会跳入舒适圈——任何确定性，只是为了逃避不确定性产生的不愉快的状态。"

——《创造性思维艺术：激发个人创造力》

创作的过程有时可能是痛苦的。

维持现状可能容易得多。

但维持现状最终会导致我们停滞不前。

"如果一个人很长一段时间不愿意离开海岸，他是不会发现新大陆的。"

——安德烈·纪德（Andre Gide）

我相信你听过罗夏克（Rohrshach）测试，在这个测试中，人们会看到一些奇怪的图形，并被询问看到了什么。

　　人们对作家、科学家、艺术家等从事创造性工作的人也进行了类似的测试。

　　一组卡片的形状是对称的，而另一组是不对称的。从事创造性工作的人被要求挑选他们喜欢的卡片，几乎所有人都挑选了形状不对称的卡片。

　　其他人（领导组）更有可能选择形状对称的卡片。

"在我看来，有创造力的人的与众不同之处在于，他们会在焦虑中生活，尽管他们会产生不安全感……他们不会逃避'不存在'，而是通过与它斗智斗勇，迫使它产生'存在'……他们追求无意义，直到他们能够让它产生意义。"

——罗洛·梅（Rollo May），
《创造的勇气》（*The Courage to Create*），
诺顿出版公司，1975年版

当你创造性地思考时，可能会感到不自信……会感到自己冒险进入了令人紧张的环境。

但是，你必须尽力忍受这种不适。要相信自己并不孤单……几乎每个离开舒适圈的人都会经历某种程度的焦虑。

甚至有一种说法认为，故意给你的生活注入一些压力可以激发你的创造力。

把自己逼入绝境

如你所见，我把自己逼入了绝境。我是有目的的。

我这样做，是因为我相信我们的大脑会在必要的时候发挥最大作用。

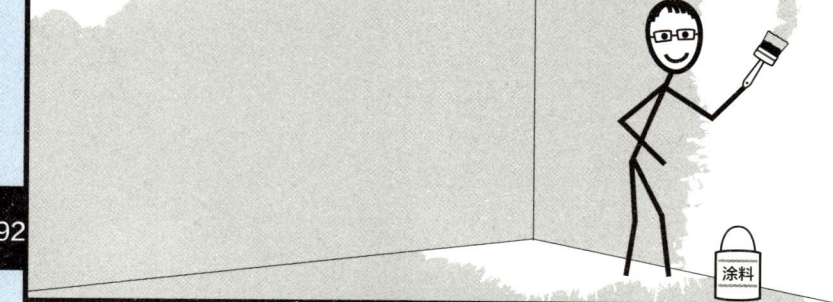

据说，创造力需要你踮起脚思考。

不要为我担心。我会想办法的。与此同时，我想向你们介绍我的一个朋友，他经营着一家广告公司。

每当他的公司开启一个新的项目时，他都会先开一个创意大会。他需要征集很多想法。所以他告诉他的创意团队，"在你们每个人想出三个创意之前别吃午饭"。

当然，他们都在中午到来前有了创意。

我的朋友很清楚，头脑有时需要受到启发。他知道，如果他让他的团队在晚饭前想出创意，那么他们就需要这么长的时间。换句话说，他设定了一个时间节点来帮助他们点燃创造力之火。

广告公司的老板是不是不讲道理，强迫人们直到想出主意才能吃饭？

一个叫亚历克斯·奥斯本（Alex Osborn）的人会说"不是"。

奥斯本是《应用想象力》（*Applied Imagination*）一书的作者。他被认为是头脑风暴（集体创造力）概念的创造者。

奥斯本的研究结果表明，四五个人组成的小组，只要适当引导，在一小时内就能想出五十到一百个新点子。

"需求是发明之母。"

——柏拉图（Plato）

需求是发明之母

说到创造，我们人类是很擅长的。换句话说，当我们受到激励，被逼到绝境去实现目标时，我们会展现出惊人的创造力。

后文我将列出过去 500 年来我认为最有创造力的 10 位男性名人。但首先，我想谈谈具有创造力的女性。

也许在过去的 50 年里，女性一直没有与男性相同的获取成就的机会。因此，我列出的 10 位最具创造力的女性，比我列出的男性创意人士更具时代感。

玫琳凯·艾施（Mary Kay Ash）——创立了玫琳凯化妆品公司

简·方达（Jane Fonda）——掀起了个人健身热潮

麦当娜（Madonna）——不需要解释

安·兰德（Ayn Rand）——《阿特拉斯耸耸肩》（*Atlas shrugged*）的作者

安妮塔·罗迪克（Anita Roddick）——创立了美体小铺

J.K. 罗琳（J.K. Rowling）——创造了哈利·波特

玛莎·斯图尔特（Martha Stewart）——不需要解释

莉莲·弗农（Lillian Vernon）——开创了邮购公司

露丝·韦斯特海默博士（Dr. Ruth Westheimer）——从事性教育并打入娱乐圈

奥普拉·温弗瑞（Oprah Winfrey）——不需要解释

她们每个人都开拓了新的领域。每个人都非常有创造力。

我研究了她们每个人的故事，试图找到一个共同的线索。我的结论是，每一个人，在她生命中的某个阶段，都需要有创造力才能生存和成功。

再看看这个清单，看看每个女人的经历：

玫琳凯·艾施——抚养三个孩子的单身母亲
简·方达——母亲在她十二岁时自杀了
麦当娜——五岁时，母亲去世
安·兰德——逃离了俄罗斯的压迫
安妮塔·罗迪克——二战期间出生在一个防空洞
J.K. 罗琳——靠救济金生活的单身母亲
玛莎·斯图尔特——在新泽西州的纳特利长大
莉莲·弗农——二战前逃离了德国
露丝·韦斯特海默博士——父母在大屠杀中丧生
奥普拉·温弗瑞——十几岁时被强奸，生下死胎我的前提是，这 10 个超级成功者都需要成功。

结果，她们变得非常有创造力，因为她们必须这样做。

换句话说，需要是发明之母。

事实是：除非你测试自己，否则你永远不会知道自己多有创造力。

好吧，也许我在房间里画的图案不太好。我没有考虑到在油漆干之前我需要上厕所。

现在我想告诉你另一个有效的方法来激发你的创造力。

14. 画出你的创意之路。

在文字出现之前,我们就已经存在了。3 万年前,我们就把象形文字画在山洞了。然而,书写只有 5000 年的历史。

许多人仍然认为绘画和插图是最好的沟通方式。

当然,它们是创造性思维的重要工具。

"用图片或图表来思考是非常有用的，这对于理解和处理一些问题非常有必要。

"我们如此依赖使用文字来描述事物，以至于在某些情况下，文字传达信息的效果竟然如此之差。

"试着去描述一个形状特别的物体吧，比如开瓶器或衣架……"

——保罗·斯隆，
《高效思考：成功思维训练法》

向火星人描述开瓶器

你看,有个东西叫开瓶器。我现在手头没有,我来给你描述一下。它是一小块能旋转的金属,上面有一块橡胶或塑料,你把它拧进一个软木塞……

> 这些地球人比我们想象的还要糟糕。

"一张图片胜过千言万语。"

——佚名

图片和影像可以说是非常有感染力的。许多人认为，视觉效果比文字更有冲击力。

几年前，研究人员向志愿者展示了 2500 张幻灯片，每 10 秒一张。展示所有的幻灯片花了 7 个小时。1 小时后，志愿者又看了 2500 张幻灯片，其中一半是第一组幻灯片里的（重复的）。

然后，志愿者被要求指出第二组的哪些幻灯片是属于第一组的。

令人惊讶的结果是，识别的准确性非常高，平均为 90%。

然后加速测试，每秒放映一张幻灯片。还是相同的结果，人们回忆所见事物的能力具有很高的准确性。

这个测试证明了我们的大脑能够很好地记住图片和影像。

正如科学杂志的一位作者所总结的那样：
"对图片的识别和记忆能力几乎是无限的。"

"引用一句古老的格言，一幅图胜过千言万语，原因在于它利用了大量的大脑皮质的机能：颜色、形式、线条、尺寸、纹理、视觉节奏，尤其是imagination（想象）——这个词来自拉丁语'imaginary'，字面意思是'在脑海中画画'。

"因此，图像往往比文字更能唤起人们的记忆，更能准确而有力地触发各种联想，从而增强创造性思维和记忆力。"

——东尼·博赞（Tony Buzan）、巴里·博赞（Barry Buzan），《思维导图宝典》（*The Mind Map Book*），Plume 出版社，1996 年版

结构性涂鸦

思维导图是一幅能引发一连串想法的图画，也就是思维导图师所说的辐射思维。

重点是从中心图像或文字开始，然后向外画。每一个新的单词或图像通常会激发另一个单词或图像。在某种程度上，整个思维导图代表了一个创作框架。

在创建思维导图时，不需要遵循精确的形式。只要写下或画出中心思想或图像，然后就可以开始涂鸦。

2008 年出版的《餐巾纸的背面：一张纸＋一支笔，画图搞定商业难题》（*The Back of the Napkin: Solving Problems and Selling Ideas with Pictures*）一书中，提出解决问题的最好方法是使用图表和图像。

"你怎么知道餐巾纸的哪一面才是正面？"

"我不敢问你在做什么。"

"我们可以利用图片的简洁性和即时性来呈现和阐发我们自己的想法，也可以用同样的图片来向其他人阐明我们的想法，帮助他们在这个过程中发现一些新的东西。

"视觉思维是解决问题的一种非常强大的方式，尽管它看起来是一种新事物，但事实是我们已经知道如何去做了。我们天生就有一套惊人的视觉系统。"

——丹·罗姆（Dan Roam），
《餐巾纸的背面：一张纸＋一支笔，画图搞定商业难题》，
Portfolio 出版社，2008 年版

在《创意企业家》（*The Creative Entrepreneur*）一书中，作者丽莎·索诺拉·比姆（Lisa Sonora Beam）建议人们用一个可视化的图表来分析自己的创造力，她称之为曼荼罗（mandala），在梵语里意为"魔圈"。

比姆建议，明确你的创造力优势和机会的最佳方法是画一个图表，将图表中所填内容与下列问题联系起来：

1

你的方向在哪里？什么对你有重大意义？

2

你的天赋是什么？什么时候你的工作进展比较顺利？

3

你所做的工作的经济价值是什么？如何获利？

4

你掌握哪些商业工具，精通哪些商业技能？

一位企业家的曼荼罗示意图

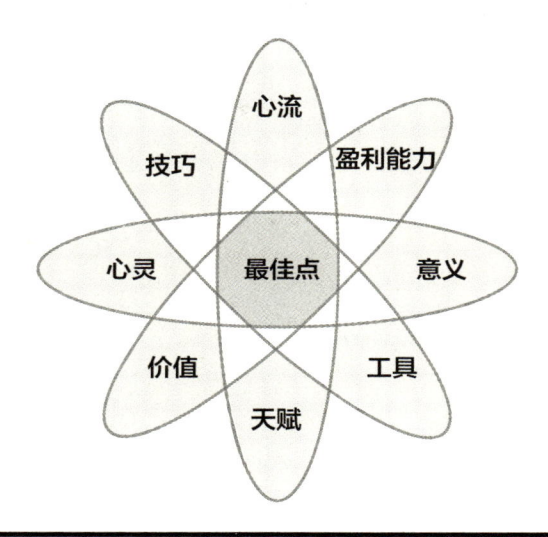

- 心流
- 盈利能力
- 技巧
- 意义
- 心灵
- 最佳点
- 价值
- 工具
- 天赋

琼斯女士认为，曼荼罗的中心是你的最佳点——你的才能、兴趣和机会的交叉点。

琼斯女士是视觉描述的坚定倡导者。

"记视觉日记……是发展解决问题的能力和获得洞察力的有效方式，而线性的、非视觉的思考和学习方式却做不到。记视觉日记帮助我们超越我们在理性思维下的认知，因此我们可以获得其他的认知——实现真正的原创性思维、创意和创造性突破的认知。"

无论你是尝试思维导图、餐巾纸绘画，还是视觉日记，借助视觉思维都会有很多收获。

语言只是图像和感觉的替代品。

当你画画时，你会调动大脑中你可能日常不使用的部分。

另一种进入你大脑未开发区域的方法是接触那些与你看待世界的方式不同的人……这就引出了我们关于创造力的下一个话题。

15. 从不同的领域或学科中寻找灵感，找到创造性的想法。

　　《群体的智慧》（*The Wisdom of Crowds*）是我特别喜欢的一本书，作者是詹姆斯·索罗维基（James Surowiecki）。

　　我想给你们讲一讲这本书序言中的一个故事。

一天，一位名叫弗朗西斯·高尔顿（Francis Galton）的科学家参加了一个州级的农展会。在农展会上，人们拍卖牲畜，也举办比赛。

其中一项比赛是猜这头大公牛的重量。

人们被要求在一张纸条上写下他们的猜测，并把纸条放在一个罐子里。人群中有些人对牲畜很了解，而其他人只是路人，没有特殊的专业知识。

来自各行各业的人共猜了 787 次。

这就是有趣的地方：

当所有猜测的总数除以 787 后，平均值为 1197 磅[1]，与公牛的实际重量（1198 磅）相差 1 磅。

这只是一个奇怪的巧合吗？

[1] 1 磅合 0.45 千克。——编者注

索罗维基说："不是的。"事实上,索罗维基的书很好地证明了这样一个命题:许多不同观点的总和会给你一个远胜任何一个专家的答案。

"如果你把一个足够大、足够多样化的群体放在一起……随着时间的推移,这个群体的决定将在智力上优于孤立的个人,无论他多么聪明或多么了解情况。"

——詹姆斯·索罗维基,
《群体的智慧》,
Doubleday 出版社,2004 年版

索罗维基的前提是,将许多持不同观点和掌握不同专业知识的人混在一起,你将获得一种极富洞察力的集体智慧。

如果你想不出什么点子来,这个观点可以帮到你。接触日常消息来源以外的人,了解他们对世界的不同看法和体验。这样有时能让你产生惊人的创意。

印刷机是过去 500 年一项重要的发明。发明印刷机的过程,就是这样。

印刷机是由约翰内斯·谷登堡（Johannes Gutenberg）在 15 世纪四五十年代发明的，当时他用了一个从其他行业——酿酒业观察到的基本原理来改进他的铸币印刷机。

谷登堡是个金匠，他当然知道很多铸造的知识。

然后，在他生命中的某个时刻，他可能会在拜访一位酿酒师朋友时产生灵感。

谷登堡从榨酒机中汲取灵感，并将其与自己的专业知识相结合，发明了印刷机，打开了文艺复兴的大门。

将目光投向自己的地盘以外,可以获得启发。

无论你住在哪里,无论你在做什么,一段时间后,你都会开始过着复印机一般的生活。

这就是为什么创意的产生往往来自:

1
旅行。

2
阅读一些你知之甚少的主题。

3
向你所在领域之外的人寻求帮助。

4
学习其他领域的创新之处。

那些最有创造力的人都有一群不拘一格的朋友。换句话说，他们会与一群有着不同兴趣和不同学科背景的人打交道。

与拥有多元背景、不同的教育经历和观点的人接触，可能会让你成为一个更有创造力的人。

230

那头牛有点臭，我需要洗个澡。正如你所看到的，我正在用我的黑莓手机做笔记。

231

16. 无论何时出现一个想法，我们都要尽可能快地抓住它。

我通常不会带着我的黑莓手机去洗澡，但我在洗头的时候突然有了一些灵感，想尽快把它们记下来。因为我担心一刮胡子就会忘记。

当你思考时，有什么东西打断了你，然后你又想不起来刚才在想什么，这是不是让你抓狂？

大家都经历过这种时刻。

"那一刻的恐怖，"国王继续说，"我永远，永远不会忘记！"

"不，你会忘掉的，"王后说，"如果你不把它记下来的话。"

——《爱丽丝梦游仙境》（Alice's Adventures in Wonderland）

每天，我都会抽出 10 分钟的时间，停下手头的事情去做笔记。

写在我的黑莓手机里，或者写在我携带的小笔记本上，或者写在我当时能找到的任何废纸上。

然后在这一天结束的时候，整理总结我的笔记。

"我的脑海里经常产生一些很好的想法……我从来没有让这些想法逃走，因为我把它写在纸片上……通过这种方式，我保存了对某个问题的最佳看法，而且，你要知道，这种看法常常以一种直觉的方式出现，比一个人坐下来刻意推理更加清楚。将这种心理活动的成果保存下来，才是真正的知识经济。"

——亚伯拉罕·林肯（Abraham Lincoln）

我写下的一些想法在重读时可能看起来很傻。但没关系，因为这些想法也许会对我解决正在面临的问题或抓住某个宝贵的机会有帮助。

还有一些想法本身或许没有价值，但可以抛砖引玉，引导我产生另一个想法，或使我以不同的方式看待某个问题，或帮我将几个想法整合起来。

研究创造力的人员表示，当你有了某种发现和想法时，一定要及时捕捉它们。

这是因为大脑一次只能记住大约七大块信息，一旦开始输入额外的信息，旧的信息就会被遗忘。

但是，当你写下或输入一些东西时，你是在告诉你的大脑，它很重要——应该被下载到你的长期记忆中。

储存在你的长期记忆中的信息是用来检索的——即使你根本不知道。这些信息被嵌入你的潜意识中,正如我们所了解的,通常会在需要的时候突然出现。

我崇拜的人之一——列奥纳多·达·芬奇,是一位勤奋的记录者。

他走到哪里都带着笔记本。作为一个出色的记录者,他去世前在纸上记录了数千页想法,这让历史学家惊叹于他伟大的才能。

你知道列奥纳多·达·芬奇创作了以下哪部作品吗?

1
《蒙娜丽莎》

2
第一架飞行器的效果图

3
第一艘潜水艇的设计图

4
《最后的晚餐》

5
MapQuest[①]的前身

①提供在线地图及定位服务的公司。——编者注

答案是上述均为他的作品！
还有更多！

列奥纳多·达·芬奇

　　有时，列奥纳多·达·芬奇会在发明、雕刻和绘画之余，回顾他的笔记。

　　他觉得通过回顾自己的想法，会产生新的见解和观点——也许是他更多的发明创造的源泉。

　　我想效仿列奥纳多·达·芬奇所做的一切。他是一个创造的工厂——负责产出数以百计的重要发明和艺术作品。

17. 创造力不能替代专业技能和其他能力。

我的叔叔路易一直没有长期从事一份工作。他担心就业会扼杀他的创造才能。

我叔叔的爱好是摄影。他认为他的照片很特别。他从来没有上过摄影课，也没有读过关于摄影的书籍。他只是觉得自己有独特的创造力。

我叔叔坚信，遇到赏识他照片的伯乐只是时间问题。那时他就会变得富有又出名。

我希望他的愿望尽快实现，因为他欠我钱。

无论你多富有创造力，你都需要磨炼你的技能，在你的手艺上下功夫。想要成功，只有创造力是不够的。

创造力是从对某一主题的深入了解中产生的。

也许你能看出，我是文艺复兴时期伟大艺术家列奥纳多·达·芬奇和米开朗琪罗（Michelangelo）的粉丝。两人都画过人体，当然，米开朗琪罗的雕塑也很了不起——包括他的杰作《大卫》。

米开朗琪罗热衷于了解人体，而非依靠自己的创造力。首先，他必须掌握相关知识。

　　在欧文·斯通（Irving Stone）的历史小说《痛苦与狂喜》（*The Agony and the Ecstasy*）中，斯通描述了米开朗琪罗如何冒着生命危险潜入墓穴解剖新鲜尸体的过程。

这是一段摘录，内容是米开朗琪罗在寻找尸体方面寻求帮助。

米开朗琪罗立刻表明了他的来意："你知道现在有人在进行尸体解剖吗？"

"当然没有！你难道不知道亵渎尸体的惩罚吗？"

"终身监禁？"

"死刑。"

沉默了一会儿，米开朗琪罗问道："如果有人愿意冒这个险呢？如何才能接触到尸体呢？"

——《痛苦与狂喜》

无论你在什么场合进行创作、表达，你必须尽你所能，训练你的技能。通过训练你的技能和向那些在你所在的领域有突出成就的人学习，来帮助你获得灵感。

为创造而创造

我喜欢画画。虽然不是很擅长，但画画能让我放松。

我并不奢望我的画能卖出去。我发挥我的创造力，不为别的，只为它给我带来快乐。

你觉得我的画怎么样？很漂亮，是吗？嗯，也许你不这么认为。但是，这没关系。我享受创作的过程——即使没有人喜欢我的作品。

一个人就算有最棒的天赋，有时投入的精力和得到的认可也不成正比。

没有一幅画能卖出与画家的创作成本一样高的价格。

——文森特·梵高（Vincent van Gogh）

在我们谈论能力的同时，我想谈谈身体。

除非你注意你的健康，不然很难最大限度地发挥你的创造才能。

18. 创造力需要能量。

有一天，我在读一本关于列奥纳多·达·芬奇的书，书中说：

"在你的印象中，天才的体形是怎样的？你是否像我一样，对天才一直存有瘦小、'四眼仔'、呆头呆脑的书呆子的刻板印象？令人惊讶的是，许多人将高智商与身体的不健全联系起来。"

——迈克尔·盖博（Michael Gelb），《如何像列奥纳多·达·芬奇那样思考》（How to Think Like Leonardo da Vinci），戴尔出版社，1999年版

我很瘦,当然也是"四眼仔",我愤怒地给作者发了一封电子邮件。

"亲爱的盖博先生。我恰巧是一个瘦小的、戴眼镜的书呆子,我对你提及的身体不健全的内容表示不满。我正在进行马拉松训练,并已努力跑到 1.5 英里……还有什么问题吗?"

我还没有收到他的回复,但我相信他的道歉信已经在路上了。

你的创造力与你的活力直接相关

你越有活力,就越有创造力。

因此,我建议你照顾好自己。好好吃饭,保证充足的睡眠,每天锻炼身体。

例如,列奥纳多·达·芬奇以坚持锻炼而闻名。

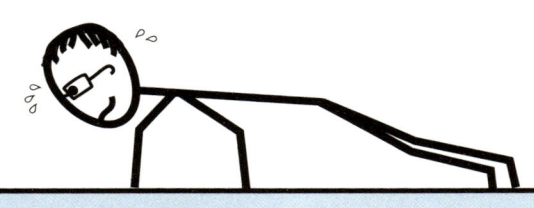

富有创造力的人是否能够照顾好自己？

好吧，我们不知道所有的答案，但有趣的是，创造者似乎确实很长寿。下面是过去500年中著名的男性创造者的名单及寿命：

列奥纳多·达·芬奇——67岁
托马斯·爱迪生——84岁
阿尔伯特·爱因斯坦——76岁
本杰明·富兰克林（Benjamin Franklin）——85岁
西格蒙得·弗洛伊德——83岁
伽利略（Galileo）——78岁
米开朗琪罗——89岁
艾萨克·牛顿（Isaac Newton）——84岁
巴勃罗·毕加索——92岁
马克·吐温——75岁

我无法证明他们重视自己的健康,从而延长了他们的生命,最大限度地发挥了他们的创造力。

然而,他们确实每个人都活得比预期寿命长。

但我相信这里有更多的东西在起作用。

我想知道爱因斯坦是不是一个慢跑爱好者。

追求你所热爱的东西

没有什么比追求极度热爱的东西更能激发人们的活力了。

我的主张是,从事你所热衷的事情本身就能维持生命。

也许这就是名单上的人如此长寿的原因。

但还有一个原因，你需要在你的能量水平上下功夫。

实际上，如果你试图创造一些新的东西——与人们的习惯不同的东西，你需要投入大量的能量来承受被拒绝的可能。

我们已经讨论了创造力是如何具有破坏性的。这让一些人感到害怕。人们感到害怕时就会退缩。你需要有足够的能量来追求你所相信的东西。

"历史上每一个伟大的想法都曾被严厉否定过。我们今天很难看到这一点，是因为一旦想法被接受，我们就会忽视它们一路走来的艰辛。刮开任意一个创新的表面，你会发现布满疤痕：它们在融入你的生活之前，已经被大众和主流思想粗暴地打击过了。"

——斯科特·伯昆，
《创新的神话》

"被《科学》或《自然》杂志拒绝的论文足以书写过去 50 年的全部科学史。"

——保罗·劳特伯（Paul Lauterbur），诺贝尔奖得主

"不要担心有人剽窃你的想法。如果这个想法是原创的，你还得强迫别人接受。"

——霍华德·艾肯（Howard Aiken），发明家

或许我今天运动过量，马上就得休息一下。

但首先，我需要告诉你另外两点。

19. 创造的行为是不能用脚本来描述的。

"我不知道灵感何时会降临到我身上。我只想在它来临的时候工作。"

——巴勃罗·毕加索

我已经读了大概 100 本关于创造力的书。最终，我的大脑开始超负荷运转。我没有从额外的阅读中得到什么。

在某些时候，你需要放下手中对创造的尝试，顺其自然。

无论好坏，你的头脑是一个由思想、主意、忧虑、快乐、图像和记忆组成的旋涡。

正如我们所讨论的，有一些方法可以让你准备好进行创造性的思考，并能让你产生创造的冲动。但在某些时候，你需要相信这个过程并停止尝试。换句话说，你需要小心，不要按捺不住。

让我给你讲一个故事。

有两个人在河边散步，面前有一个巨大的瀑布。瀑布的底部有一具尸体。

"不好了，有人淹死了！"

然后，突然间，尸体开始动了！

"天哪，那个人还活着。这怎么可能呢？"

"你还活着！你是怎么在汹涌的水流中生存下来的呢？"

"简单……我随着水流起起伏伏。"

这个故事的重点是，在生活中，有时候你只需要放手。

创造是一个没有人真正理解的奇妙过程。我们可以随时随地推动这个过程，推动它向前，然后我们自己以正确的心态去对待结果，但最终，我们需要做的只是顺其自然。

当苹果公司的史蒂夫·乔布斯（Steve Jobs）被问道："你是如何在制度中创新的？"

他回答："制度就是没有制度。"

换句话说，创作过程没有确切的路线图。在某种程度上，你只是走上正轨，开始前进。

顺便说一下，我们可以从史蒂夫·乔布斯身上学到很多。你可能知道，他是苹果公司的创始人，也是 iMac、iPhone、iPod 和 iPad 的创造者，这些都是非常惊人的、成功的创新。

如果你想了解乔布斯是如何创造的，你可能会想读一下利安德·卡尼（Leander Kahney）的《史蒂夫的大脑》(*Inside Steve's Brain*)。

这里有一份简略的报告，把我们讨论过的观点联系在一起。

1

乔布斯认为，在决定推出一个新产品之前，应该先看看它的多个创新点——他需要很多想法。

2

乔布斯相信在设计中要跨越领域——iPod 滚轮的创意来自一个营销人员，而不是一个设计师。

3

乔布斯相信横向思维——激发性的、异乎寻常的创造力。他有时会问："如果钱不是问题，我们要设计什么？"

4

乔布斯相信一切都已经存在。"我们总是无耻地窃取伟大的创意。"

5

乔布斯认为创造力源自激情——你必须有一个让你充满激情的想法，否则你就不会有坚持到底的毅力。

我不会冲浪。但既然这本书是我的作品，我可以创造任何我想要的世界。我一直想尝试冲浪。

这就是我们关于创造力的最后一条指导建议。

20. 创造你想要的世界，无论你表达自我的最好方式是什么。

无论你想从生活中得到什么，它都不可能直接出现在你的门前。

你必须用你所有的精力与才能去寻找并得到它，而创造力——思想的发展和优势的推动力量——最有可能成为探索追求的一部分。

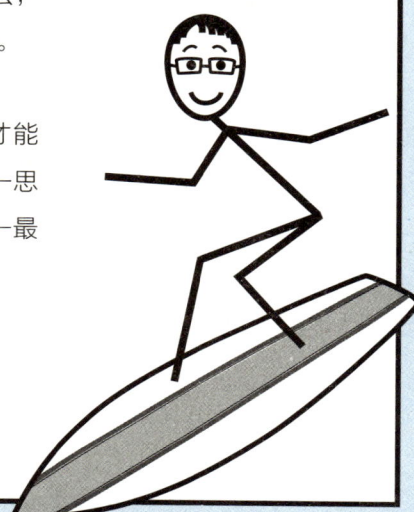

我提议，每个人都应该做一些能够激发自己创造力的事情。设计服装、写书、绘画或作曲，创立一个在线业务——任何需要你最大限度发挥创造力的事情。

为什么？

因为这个世界不奖励"一样的东西"。世界会奖励冒险者和那些走在"人迹较少的道路"上的人。

不用担心,我很好……在我的世界里,我创造了结果。

你也可以在你的世界中创造结果。

创造力是一种精神上的东西。

考虑到这一点,创造力可以延长你的生命。创造是为了给后代留下你的一部分东西。

> "创造力是对不朽的渴望。我们每个人都必须培养面对死亡的勇气。然而，我们也必须对它进行反抗和斗争。创造力来自斗争——创造性的行为从反抗中诞生。"
>
> ——罗洛·梅，
> 《创造的勇气》

最后，创造过程是非常快乐的。

迷失在想象力中，把自己推向新的领域，挑战你无法企及的工作……这些都是令人陶醉的时刻！

正如伟大的心理学家维克多·弗兰克尔（Victor Frankl）所说：

"人需要的不是一种无张力的状态，而是为了一个有价值的目标，一个自由选择的任务而努力和奋斗。"

"创造力参与新事物的产生。创造新事物的过程似乎是人类可以参与的最令人愉快的活动之一。"

——米哈里·希斯赞特米哈伊（Mihaly Csikszentmihalyi），
《创造力：心流与创新心理学》
（Creativity: Flow and the Psychology of Discovery and Invention），
哈珀·柯林斯出版社，1996 年版

创造的过程可能是令人沮丧、孤独和焦虑的。但是，它也可以是令人振奋的。

这个过程需要勇气。冒险，尝试新的东西，可能受到别人的指责，也可能名利双收。

但关键是要尝试。把自己推向你的极限，离开你的舒适区。

"重要的不是批评家，也不是那些指出强者是如何跌倒的，或实干家在哪些方面可以做得更好的人。功劳属于真正在竞技场上的人，他的脸上满是灰尘、汗水和鲜血，他英勇奋斗，一次次犯错，一次次落空，他知道什么是热情澎湃，什么是伟大的奉献，并投入有价值的事业，胜不骄，败不馁。这样他永远不会与那些不懂得得失成败乃是常事的冷漠和胆怯的灵魂处在一个位置。"

——泰迪·罗斯福（Teddy Roosevelt）

"理智的人使自己适应世界，不理智的人坚持让世界适应自己。因此，所有的进步都依赖不理智的人。"

——萧伯纳（George Bernard Shaw）

关于创造力要点的简要概述

一、训练自己跳出思维框架。
不要把你的思维束缚在别人的框架中。

● ● ●

二、产生想法——大量的。
诺贝尔奖获得者莱纳斯·鲍林（Linus Pauling）说："想出好主意的方法是想出很多主意。"

三、创新往往是具有突破性的。

经常去打破惯例。

● ● ● ●

四、有些时候，你必须把让你分心的事情减到最少。

给你的大脑呼吸的空间。列奥纳多·达·芬奇说过："画家必须是孤独的……因为如果你是孤独的，你完全是自己，但如果你有一个同伴陪伴，你就是半个自己。"

五、要玩得开心。

永远不要放弃你内心孩童般的对可能性的信念。

● ● ● ●

六、如果你被困住了，就改变你的环境。

任何时候，你的大脑中都有数十亿的细胞在活动。改变对大脑的刺激会改变这些细胞的活动方式和思考方式。

七、创造力往往只是重新排序、扩展或结合已经存在的东西。

你不需要发明车轮,而只需要找到它的新用途。

● ● ● ●

八、有时,解决方案来自重构问题。

记得爱因斯坦说过,如果他只有 1 小时来拯救世界,他将花 55 分钟来重构问题。

九、让你的潜意识为你工作。

去打个盹吧。

● ● ● ●

十、一旦开始,就成功了一半。

不要等着缪斯女神来拯救你。缪斯是不可靠的。

十一、睁开你的眼睛，不要捂住耳朵。

如果你去体验，你周围的世界充满了大量的建议。

● ● ● ●

十二、你需要打破现有的模式和条件反射。

通过打破既定的反射，你有时会以不同的方式发现问题和机会。

十三、创造性思维可能带来不适。

大多数人认为保持现状会使人安全。创造性思维有时需要你进入未知的领域。

● ● ● ●

十四、用画画的方式来获得创造性的想法。

视觉——影像、图画、图表——是启动你的创造力的非常有力的工具。

十五、转向不同领域或学科，寻找启发。

从那些专业技能与你相差甚远的人那里征求意见，可能会有出人意料的帮助。

● ● ● ●

十六、尽快写下想法。

我们的短时记忆只能保留大约七个想法，然后就开始"掉线"了。

十七、创造力不能替代能力。

磨炼你的手艺，尽你所能地学习，为灵感的产生做准备。

● ● ● ●

十八、创造力需要能量。

好好照顾自己。从事你热爱的事情。

十九、你无法去强迫创造力产生。

创造的过程不是机械的。有时你必须顺势而为。

● ● ● ●

二十、加入游戏。锻炼你的创造性"肌肉"。

　　这会让你焦虑，会让你有挫败感，但你也可能得到难以置信的快乐和满足。

全文完

结　语

你真的别无选择。

在 21 世纪，如果你想生存下去，且不说成功地生存下去，那么，你就要做最好的自己。而这就意味着，你必须培养你的个人管理能力，以便应对生活中的机遇和所遭遇的挫折。

创造力只不过是你在竞争压力下采取适当行动的能力。好在不管你面临的挑战和机会是什么，你都可以调动你的创造力，去达成自己的目标。

我们希望这本书能够为你提供一些观念，帮助你培养起自己的创造力。

更多信息，请访问我们的网站。同时，欢迎你随时给我发电子邮件。信箱地址：jrandel@theskinnyon.com。

收到你的来信,我将会很高兴。

奉上最诚挚的祝福。

吉姆·兰德尔

推荐阅读

以下是写作本书时的部分参考书目:

A Technique for Producing Ideas, James Webb Young (NTC, 1988)

A Whack on the Side of the Head: How You Can be More Creative, Roger von Oech (Hachette, 1983)

A Whole New Mind, Daniel Pink (Riverhead, 2006)

Applied Imagination, Alex Osborn (Charles Scribner's Sons, 1963)

Blue Ocean Strategy, W. Chan Kim and Renee Mauborgne (Harvard Business Review Press, 2005)

Business Beyond the Box: Applying Your Mind for Breakthrough Results, John O'Keeffe (Nicholas Brealey, 1998)

Cognitive Surplus: Creativity and Generosity in a Connected Age, Clay Shirky (Penguin, 2010)

Cracking Creativity, Michael Michalko (Ten Speed Press, 2001)

Creativity: Flow and the Psychology of Discovery and Invention, Mihaly Csikszentmihalyi (HarperCollins, 1996)

Creativity Workout: 62 Exercises to Unlock Your Most Creative Ideas, Edward de Bono (Ulysses, 2008)

Delivering Happiness, Tony Hsieh (Business Plus, 2010)

Einstein: His Life and Universe, Walter Isaacson (Simon & Schuster, 2007)

Flow: The Classic Work on How to Achieve Happiness, Mihaly Csikszentmihalyi (Harper Perennial, 1990)

Hamlet's BlackBerry, William Powers (HarperCollins, 2010)

How to Be a Brilliant Thinker: Exercise Your Mind and Find Creative Solutions, Paul Sloane (Kogan Page, 2010)

How to Get Ideas, Jack Foster (Berrett-Koehler, 2007)

How to Think Like Leonardo da Vinci, Michael Gelb (Dell, 1999)

Ignore Everybody: And 39 Other Keys to Creativity, Hugh MacLeod (Penguin, 2009)

Inside Steve's Brain, Leander Kahney (Portfolio, 2008)

Lateral Thinking, Edward de Bono (Harper and Row, 1973)

Leonardo da Vinci, Sherwin Nuland (Penguin, 2005)

Leonardo da Vinci: The Flights of the Mind, Charles Nicholl (Penguin, 2005)

Making Ideas Happen: Overcoming the Obstacles Between Vision and Reality, Scott Belsky (Portfolio, 2010)

Man's Search for Meaning, Viktor Frankl (1946)

Oh, The Thinks You Can Think, Dr. Seuss (1975)

Profiles of Genius: Thirteen Creative Men Who Changed the World, Gene Landrum (Prometheus, 1993)

Profiles of Female Genius: Thirteen Creative Women Who Changed the World, Gene Landrum (Prometheus, 1994)

Strategic Intuition: The Creative Spark in Human Achievement, William Duggan (Columbia Business School, 2007)

The 12 Secrets of Highly Creative Women, Gail McMeekin (Conari, 2000)

The Agony and the Ecstasy, Irving Stone (Signet, 1961)

The Art of Creative Thinking: How to be Innovative and Develop Great Ideas, John Adair (Kogan Page, 2009)

The Art of the Start, Guy Kawasaki (Portfolio, 2004)

The Back of the Napkin: Solving Problems and Selling Ideas with Pictures, Dan Roam (Portfolio, 2008)

The Black Swan, Nassim Taleb (Penguin, 2007)

The Circle of Innovation, Tom Peters (Knopf, 1997)

The Courage to Create, Rollo May (Norton, 1975)

The Creative Entrepreneur, Lisa Sonora Beam (Quarry, 2008)

The Creative Habit, Twyla Tharp (Simon & Schuster, 2003)

The Life of P.T. Barnum, P.T. Barnum (1855)

The Magic of Thinking Big, David Schwartz (Simon & Schuster, 1959)

The Mind Map Book, Tony Buzan and Barry Buzan (Plume, 1996)

The Myths of Innovation, Scott Berkun (O'Reilly, 2007)

The Wisdom of Crowds, James Surowiecki (Doubleday, 2004)

The Wizard of Menlo Park, Randall Stross (Crown, 2007)

欢迎继续阅读
本人的其他作品

THE SKINNY ON CREATIVITY: THINKING OUTSIDE THE BOX
Copyright © 2010 BY JIM RANDEL
Author: JIM RANDEL
This edition arranged with RAND PUBLISHING LLC
through BIG APPLE AGENCY, LABUAN, MALAYSIA.
Simplified Chinese edition copyright:
2023 China South Booky Culture Media Co.,Ltd
All rights reserved.

© 中南博集天卷文化传媒有限公司。本书版权受法律保护。未经权利人许可，任何人不得以任何方式使用本书包括正文、插图、封面、版式等任何部分内容，违者将受到法律制裁。

著作权合同登记号：图字 18-2020-151

图书在版编目（CIP）数据

创造力 /（美）吉姆·兰德尔著；程虎译 . — 长沙：湖南文艺出版社，2023.1
　书名原文：THE SKINNY ON CREATIVITY:THINKING OUTSIDE THE BOX
　ISBN 978-7-5726-0870-4

　Ⅰ.①创⋯　Ⅱ.①吉⋯②程⋯　Ⅲ.①创造能力—通俗读物　Ⅳ.① G305-49

中国版本图书馆 CIP 数据核字（2022）第 175660 号

上架建议：成功 / 励志·创造力

**CHUANGZAOLI
创造力**

作　　者：[美]吉姆·兰德尔
译　　者：程　虎
出 版 人：陈新文
责任编辑：刘雪琳
监　　制：于向勇
策划编辑：布　狄
文案编辑：张妍文　赵　静
版权支持：刘子一
营销编辑：时宇飞　黄璐璐
版式设计：李　洁
封面设计：利　锐
出　　版：湖南文艺出版社
　　　　　（长沙市雨花区东二环一段 508 号　邮编：410014）
网　　址：www.hnwy.net
印　　刷：三河市中晟雅豪印务有限公司
经　　销：新华书店
开　　本：875mm×1230mm　1/32
字　　数：138 千字
印　　张：6.75
版　　次：2023 年 1 月第 1 版
印　　次：2023 年 1 月第 1 次印刷
书　　号：ISBN 978-7-5726-0870-4
定　　价：48.00 元

若有质量问题，请致电质量监督电话：010-59096394
团购电话：010-59320018